工程造价确定与
控制习题及答案

吴学伟　吴诗靓　李志成　主　编

重庆大学出版社

内 容 提 要

本书为《工程造价确定与控制》配套用书,对《工程造价确定与控制》每章后的"思考与练习题"进行了详细解答,以便于《工程造价确定与控制》教学和应用时参考。

本书可具有以下用途:①高校土木工程、建筑工程管理、工程造价管理等专业的教材或教学参考书;②工程造价专业人员培训教材;③自学人员学习考试的用书;④建设、设计、咨询、审计、管理部门和施工企业的工程技术与管理人员的参考书籍。

图书在版编目(CIP)数据

工程造价确定与控制习题及答案/吴学伟,吴诗靓,
李志成主编.—重庆:重庆大学出版社,2016.3(2022.7 重印)
高等学校土木工程本科规划教材
ISBN 978-7-5624-9701-1

Ⅰ.①工… Ⅱ.①吴…②吴…③李… Ⅲ.①工程造
价控制—高等学校—习题集 Ⅳ.①TU723.3-44

中国版本图书馆 CIP 数据核字(2016)第 043323 号

工程造价确定与控制习题及答案
吴学伟 吴诗靓 李志成 主 编
策划编辑:杨粮菊
责任编辑:陈 力 版式设计:杨粮菊
责任校对:秦巴达 责任印制:张 策
*
重庆大学出版社出版发行
出版人:饶帮华
社址:重庆市沙坪坝区大学城西路 21 号
邮编:401331
电话:(023) 88617190 88617185(中小学)
传真:(023) 88617186 88617166
网址:http://www.cqup.com.cn
邮箱:fxk@ cqup.com.cn(营销中心)
全国新华书店经销
中雅(重庆)彩色印刷有限公司印刷
*
开本:787mm×1092mm 1/16 印张:10.25 字数:177千
2016 年 5 月第 1 版 2022 年 7 月第 3 次印刷
ISBN 978-7-5624-9701-1 定价:36.00 元

前　言

　　《工程造价确定与控制》是根据住建部组织编写、人事部审定的《全国造价工程师执业资格考试大纲》，并结合高校相关专业课程教学大纲的要求编写的。

　　为满足高校土木工程、工程管理、工程造价管理等专业"工程造价确定与控制""建设项目成本规划与控制"等课程的教材或教学参考书的需要，满足地区、部门组织工程造价从业人员统一培训考试教材的需求，并为工程技术和管理人员提供适于自学与应用的参考书籍和为社会自学成才人员提供自学考试书籍，方便读者学习，特编写了此书。

　　本书为吴学伟主编的《工程造价确定与控制》配套用书，将《工程造价确定与控制》每章后的"思考与练习题"进行详细解答汇编而成。

　　本书由吴学伟、吴诗靓、李志成主编。具体分工为：吴学伟、吴诗靓、李志成（第 1、2、3、4 章），吴学伟、吴诗靓（第 5、6、7章），吴学伟、李志成（第 8、9 章）。

　　本书在编写过程中，李志杰、王英杰、任小营、陈寻斌、傅长艺等为本书编写提供资料、文献和信息，使本书在规定时间内顺利出版。在此，编者一并表示诚挚的谢意。

　　由于时间仓促和编者水平所限，不妥之处在所难免，恳请读者和同行批评指正。

编　者

2016 年 1 月

目录

第 **1** 章
工程造价概论

1. 什么是建设程序?

解答依据:第一节建设阶段与建设项目的组成中一、工程建设的阶段。

答:建设程序是指在投资经济活动中,所选择的建设项目从设想、选择、评估、决策、设计、施工到竣工验收交付使用的整个建设活动的各个工作工程及其先后顺序。

2. 项目建议书对工程建设的意义和作用是什么?

解答依据:第一节建设阶段与建设项目的组成中一、工程建设的阶段。

答:对工程建设的意义为:论证拟建项目的必要性、条件的可行性和获利的可能性,为投资者和建设管理部门选择并确定是否进行下一步工作提供依据。

对工程建设的作用包括:

①提出建设项目的必要性和依据;

②提出建设地点、拟建规模和产品方案的初步设想;

③对建设条件、资源情况、协作关系等进行初步分析;

④提出投资估算和资金筹措设想;

⑤对经济效益和社会效益进行估计。

3.我国工程建设阶段如何划分？简述各阶段的主要工作内容和相互关系。

解答依据：第一节建设阶段与建设项目的组成中一、工程建设的阶段。

答：主要的建设过程包括项目建议书阶段、可行性研究阶段、设计工作阶段、建设准备阶段、建设实施阶段、生产准备阶段、竣工验收阶段、建设项目后评价阶段。

各阶段的主要工作内容如下所述。

项目建议书阶段：

①建设项目提出的必要性和依据；

②提出建设地点、拟建规模和产品方案的初步设想；

③对建设条件、资源情况、协作关系等进行初步分析；

④提出投资估算和资金筹措设想；

⑤对经济效益和社会效益进行估计。

可行性研究报告阶段：

①项目提出的背景和依据；

②建设规模、产品方案、市场预测和确定的依据；

③技术工艺、主要设备、建设标准；

④资源、原材料、燃料、动力、运输、供水等协作配合的条件；

⑤建设地点、厂区布置方案、占地面积；

⑥项目设计方案、协作配套工程；

⑦环保、防震等要求；

⑧劳动定员和人员培训；

⑨投资估算和资金筹措方式；

⑩经济效益和社会效益。

设计工作阶段：

①设计单位招标、设计方案选优；

②初步设计评审、方案确定；

③编制项目总概算；

④确定工艺流程、建筑结构、设备选型及数量确定等；

⑤施工图设计。

建设准备阶段：

①征地、拆迁、场地平整；

②施工用水、电、路工程施工；

③组织设备材料订货；

④准备必要的经审查通过的施工图纸；

⑤组织招投标，择优选择施工、监理单位；

⑥确定项目管理团队；

⑦项目管理策划；

⑧建设工程规划许可证和施工许可证办理及相应消防等法律、行政法规规定的其他手续；

⑨现场临时建筑物及设施布置；

⑩现场控制坐标设定；

⑪现场施工平面布置图评审；

⑫交底并制订保证工程质量和安全的具体措施；

⑬建设资金已经落实；

⑭检查施工单位开工准备情况、开工仪式。

建设实施阶段：建设项目的建设。

生产准备阶段：

①招收和培训人员；

②生产组织准备；

③生产技术准备；

④生产物资准备。

竣工验收阶段：

①整理技术资料、绘制竣工图、编制竣工决算；

②规模较大、较复杂的工程建设项目应先进行初验；

③正式竣工验收；

④资料移交、竣工备案；

⑤员工、项目总结；

⑥制作项目实施过程宣传、留档文字或音像资料。

建设项目后评价阶段：

①组织项目评价小组；

②制订项目评价办法；

③评价内容；

④形成项目后评价报告。

相互关系：项目建议书为投资者和建设管理部门选择并确定是否进行下一步工作提供依据，经批准后可进行详细的可行性研究报告工作；可行性研究报告经批准，建设项目才算正式"立项"，批准的可行性研究报告，将作为初步设计的依据；设计是建设实施的依据，是对拟建工程在技术和经济上的全面详尽安排；项目在正式开工前要根据图纸及有关安排做好各项准备工作；生产准备阶段保证项目建成后可以及时投产或投入使用；竣工验收可以促进建设项目及时投产，发挥投资效益，总结建设经验；经过建设项目后评价可以达到肯定成绩，总结经验，研究问题，提出建议，改进工作，不断提高项目决策水平和投资效果的目的。

4. 什么是两阶段设计？什么是三阶段设计？初步设计包括哪些主要内容？

解答依据：第一节建设阶段与建设项目的组成中一、工程建设的阶段。

答：两阶段设计是将设计工作阶段划分为"初步设计阶段"和"施工图设计阶段"。

三阶段设计：国际上将设计工作阶段划分为"概念设计阶段""基本设计阶段"和"详细设计阶段"，我国对于重大技术复杂的项目可根据需要把设计工作阶段划分为"初步设计阶段""技术设计（扩大初步设计）阶段"和"施工图设计阶段"。

初步设计主要内容：

①建设依据和设计指导思想；

②建设规模、产品方案及原材料、燃料、动力的来源及用量；

③工艺流程、主要设备选型和配置；

④主要建筑物、构筑物、公用设施和生活区的建设；

⑤占地面积和土地使用情况；

⑥总体运输；

⑦外部协作配合条件；

⑧综合利用、环境保护和抗震措施；

⑨生产组织、劳动定员和各项技术经济指标；

⑩设计总概算。

5. 什么是建设项目、单项工程、单位工程、分部工程和分项工程？举例说明。

解答依据：第一节建设阶段与建设项目的组成中二、建设项目的组成。

答：建设项目是经过有关部门批准的立项文件和设计任务书，经济上实行独立核算，行政上实行统一管理的工程项目，如华南专科学校新校址建设项目就是一个建设项目。

单项工程是具有独立设计文件，建成后可以独立发挥生产能力和使用效益的工程，如华南专科学校的第一教学楼即是一个单项工程。

单位工程是具有独立设计文件，可以独立组织施工和单项核算，但不能独立发挥其生产能力和使用效益的工程项目，如华南专科学校的第一教学楼的土建工程属于一个单位工程。

分部工程是指按工程的部位、结构形式的不同等级划分的工程项目，如华南专科学校的第一教学楼的土建工程中的土石方工程。

分项工程是根据工种、构件类别、使用材料不同，并能按某种计量单位计算，便于测定或统计工程基本构造要素和工程量来划分，如华南专科学校的第一教学楼的土建工程中的土石方工程下的独立基础的基坑土方开挖。

6. 什么是工程造价？工程造价两种含义的意义是什么？

解答依据：第二节价格形成与工程造价的概念中二、工程造价的概念。

答：工程造价即建筑工程产品的建造价格。

工程造价的第一种含义是站在投资者或业主的角度即为建设某项工程预期开支或实际开支的全部固定资产投资费用;第二种含义是从承包商、供应商、规划、设计市场供给主体来定义,从市场交易的角度分析——建设工程造价是指工程价格。工程造价的两种含义是以不同的角度把握同一事物的本质,是对客观存在的概括。它们既是一个统一的整体,但又相互区别。区别两种含义是为实现不同的管理目标,不断充实工程造价的管理内容,完善管理方法,更好地为实现各自的目标服务,从而有利于推动全面的经济增长。

7. 工程造价是怎样形成的? 影响价格的因素有哪些?

解答依据:第二节价格形成与工程造价的概念中一、价格的形成。

答:工程造价的形成过程如下:投资者选定一个投资项目后为获得预期的效益,通过项目评估后进行决策,然后进行设计工程施工直至竣工验收等一系列投资管理活动在这些活动中支付的与工程建造有关的全部费用,这些开支就构成了工程造价。

影响价格的因素:①社会劳动生产率;②商品的供求情况;③市场竞争;④货币的价值;⑤纸币的发行量。

8. 工程造价有哪些特点和职能?

解答依据:第二节价格形成与工程造价的概念中三、工程造价的特点,四、工程造价的职能。

答:工程造价的特点包括:

①大额性;

②个别性、差异性;

③动态性;

④广泛性和复杂性;

⑤阶段性。

工程造价的职能包括:

①预测;

②控制；

③评价；

④调控。

9. 工程造价的作用和影响其作用发挥的因素有哪些？

解答依据：第二节价格形成与工程造价的概念中五、工程造价的职能。

答：工程造价的作用包括：

①项目决策的工具；

②制订投资计划和控制投资的有效工具；

③筹集建设资金的依据；

④合理利益分配和调节产业结构的手段；

⑤评价投资经济效果的重要指标。

影响工程造价作用发挥的因素有：生产力、市场、体制、管理。

10. 工程造价为什么要单件性计价？

解答依据：第三节工程造价的计价特征中一、工程造价的计价特征。

答：建设工程的实物形态千差万别，即使采用相同或相似的图纸，在不同地区不同时间建造的产品，其构成投资费用的各种价值要素存在差别，最终导致工程造价不同，因此建设工程的计价不能像一般工业产品那样按品种、规格、质量等成批定价，只能单件计价。

11. 简述分部组合计价的工作步骤。

解答依据：第三节工程造价的计价特征中一、工程造价的计价特征。

答：分部分项工程 $\xrightarrow{汇总}$ 单位工程 $\xrightarrow{汇总}$ 单项工程 $\xrightarrow{汇总}$ 建设项目。

12. 绘出工程造价多次性计价和建设阶段的相互关系框图,并说明各阶段造价的含义和相互关系。

解答依据:第三节工程造价的计价特征中一、工程造价的计价特征。

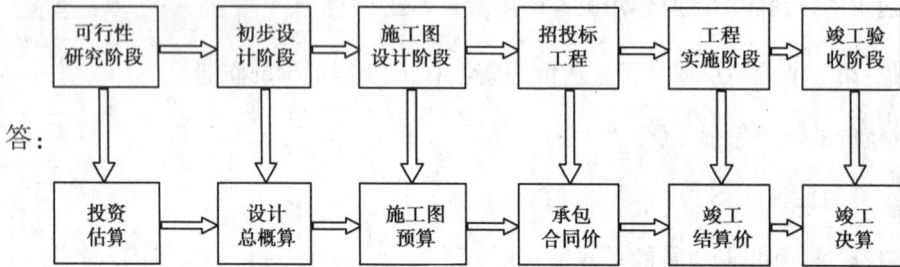

答:

```
┌──────┐   ┌──────┐   ┌──────┐   ┌──────┐   ┌──────┐   ┌──────┐
│可行性 │──▶│初步设 │──▶│施工图 │──▶│招投标 │──▶│工程  │──▶│竣工验 │
│研究阶段│   │计阶段 │   │设计阶段│   │工程  │   │实施阶段│   │收阶段 │
└──────┘   └──────┘   └──────┘   └──────┘   └──────┘   └──────┘
   │          │          │          │          │          │
   ▼          ▼          ▼          ▼          ▼          ▼
┌──────┐   ┌──────┐   ┌──────┐   ┌──────┐   ┌──────┐   ┌──────┐
│投资  │──▶│设计  │──▶│施工图 │──▶│承包  │──▶│竣工  │──▶│竣工  │
│估算  │   │总概算 │   │预算  │   │合同价 │   │结算价 │   │决算  │
└──────┘   └──────┘   └──────┘   └──────┘   └──────┘   └──────┘
```

投资估算价:编制项目建议书进行可行性研究报告阶段编制的工程造价。投资估算是以后建设阶段工程造价的控制目标限额。

设计总概算:在初步设计阶段,总承包设计单位根据初步设计的总体布置、建设内容、各单项工程的主要结构的设计图和设计工程量清单按照概算定额或概算指标及建设主管部门颁发的有关取费规定,进行计算和编制的该建设项目,从开始筹建到交付生产或者使用的全过程中,所发生的各项建设费用的总和。

设计总概算是确定建设项目总造价、编制固定资产投资计划、签订建设项目承包合同和贷款总合同的依据,也是控制基本建设拨款和施工图预算及考核设计经济合理性的依据。

施工图预算价:建设项目中的局部工程,一般是单位工程,在建设准备和建设实施阶段,由建设单位或委托的工程造价咨询单位,根据建设安装工程的施工图纸计算的工程量、施工组织设计确定的施工方案、现行工程预算定额或者基价表等取费标准、预算材料价格和主管部门规定的其他取费标准等,进行计算和编制的单位工程或单项工程建设费用的经济文件。施工图预算价可作为工程建设招标的标底。

承包合同价:在招投标工作中,经组织开标、评标、定标后,根据中标价格由招标单位和承包单位,在工程承包合同中,按照有关规定或协议条款约定的各种取费标准计算的用以支付给承包商按照合同要求完成工程内容的价款总额。

竣工结算价:一个单位工程或单项工程完工后,经组织验收合格,由施工单位根据承包商条款和计价的规定,结合工程施工中设计变更等引起工程建设费增加或减少的具体情况,编制并经过建设或委托的监理单位签认的,用以表达该项工程最终实际造价为主要内容,作为结算工程价款依据的经济文件。

竣工决算价:建设项目全部竣工验收合格后编制的实际造价的经济文件,以实物数量和货币指标为计量单位,综合反映竣工项目从筹建开始到竣工交付使用为止的全部建设费用。

竣工决算是对该建设项目进行清产核资和后评估的依据,可以反映建设交付使用的固定资产及流动资产的详细情况,可以作为财产交接考核交付使用的财产成本以及使用部门建立财产明细表和登记新增资产价值的依据。

13. 什么是静态投资?什么是动态投资?它们之间的区别是什么?

解答依据:第三节工程造价的计价特征中二、工程造价的名词分类。

答:静态投资是在编制预期造价(投资估算、设计概算、施工图预算)时,以某一基准年、月的建设要素的单价为依据所计算出的工程造价瞬时值。

动态投资是为完成一个工程项目的建设,预计投资需要量的总和。

区别:静态投资不考虑因价格上涨等风险因素,以及资金的时间价值的影响。

14. 什么是建设项目总投资?它与固定资产投资的联系是什么?

解答依据:第三节工程造价的计价特征中二、工程造价的名词分类。

答:建设项目总投资是投资主体为获得预期收益,在选定的建设项目上投入所需全部资金的总和。

与固定资产投资的联系:建设项目总投资是指投资主体为获取预期收益,在选定的建设项目上所需投入的全部资金。固定资产投资是投资主体为达到预期收益的资金垫付行为。建设项目按用途可分为生产性建设项目和非生产性建设项目,生产性建设项目总投资包括固定资产投资和流动资产投资两部分;非生产性建设项目总投资只包括固定资产投资,不含流动资产投资。建设项目总造价是指项目总投资中的固定资产投资总额。

15. 单项工程造价和单位工程造价有何关系和区别？

解答依据：第三节工程造价的计价特征中二、工程造价的名词分类。

答：单项工程造价＝单位建筑安装工程造价总和＋设备及工器具费用。单位工程造价＝分部工程造价总和。

16. 什么是工程造价管理？工程造价管理体制改革的最终目标是什么？

解答依据：第四节投资和工程造价的管理中二、工程造价管理体制的改革。

答：工程造价管理：第一种意思是建设工程投资费用管理；第二种意思是工程价格管理。

最终目标：促进竞争，建立市场形成价格机制，实现工程造价管理市场化，建立全国性的工程造价管理信息系统，形成社会化的工程造价咨询服务业，与国际接轨。

17. 工程造价管理体制改革的主要内容有哪些？

解答依据：第四节投资和工程造价的管理中二、工程造价管理体制的改革。

答：工程造价管理体制改革的主要内容为：

①重视和加强项目决策阶段的投资估算工作，提高可研报告投资估算的准确性，发挥其控制建设项目总造价的作用。

②明确概预算工作不仅要反映设计计算工程造价，更要能动地影响设计优化设计，并发挥控制工程造价、促进合理使用建设资金的作用。

③从建筑产品也是商品的认识出发，以价值为基础，确定建设工程造价和建筑安装工程的造价，使工程造价的构成合理化，逐渐与国际惯例接轨。

④将竞争机制引入工程造价管理体制，打破以行政手段分配建设任务和施工单位依附主管部门的体制。

⑤提出用动态的方法研究和管理工程造价。

⑥提出对工程造价的估算、概算、预算、承包合同价、结算价、竣工结算实行一体化管理，并研究如何进行一体化管理制度。

⑦工程造价咨询产生并逐渐发展。

18.工程造价管理的任务是什么？包括了哪些基本内容？

解答依据:第四节投资和工程造价的管理中三、投资和工程造价管理的基本内容。

答:工程造价管理的任务是合理确定和有效控制工程造价。

合理确定工程造价的基本内容包括:

①项目建议书阶段,按有关规定编制初步投资估算,经有关部门批准后作为拟建项目列入国家中长期计划和开展前期工作的控制造价。

②在可行性研究阶段,按有关规定编制投资估算,经有关部门批准后即为该项目的控制造价。

③在初步设计阶段,按有关规定编制的初步设计总概算,经有关部门批准后即作为拟建项目工程造价的最高限价。

④在施工图设计阶段,按有关规定编制施工图概预算,用以核实施工图预算造价是否超过批准的初步设计概算。

⑤对以施工图预算为基础的招投标工程,承包合同价就是以经济合同形式确定的建筑安装工程造价。

⑥在工程实施阶段要按照承包商实际完成工程量,以合同价为基础,考虑因物价上涨、设计中难以预计的而在实施阶段实际发生的工程费用,合理确定工程造价。

⑦在竣工验收阶段,全面汇集工程建设中全部实际花费,编制竣工结算。

有效控制工程造价的基本内容包括:在优化建设、设计方案的基础上,用投资估算价控制设计方案的选择和初步设计概算,用初步设计概算控制技术设计和修正概算造价,用概算造价控制施工图设计和预算造价,以此将工程造价控制在合理范围和核定的造价限额内。

19.怎样才能合理确定和有效控制工程造价？

解答依据:第四节投资和工程造价的管理中三、投资和工程造价管理的基本内容。

答:合理确定工程造价就是在建设程序的各个阶段,合理确定投资估算、概算造价、预算造价、承包合同价、结算价、竣工决算价。需要在各阶段立足当前,根据各阶段的特点和实际情况,依据相应的经验数据进行造价确定。

工程造价有效控制的途径为:

①以设计阶段为重点的建设全过程的造价控制。

②应由被动控制转为主动控制。

③技术与经济相结合是控制工程造价最有效的手段。

要有效地控制工程造价,应从组织、技术、经济、合同与信息管理等多方面采取措施。从组织上采取的措施,包括明确项目组织结构,明确造价控制者及其任务以使造价控制由专人负责,明确管理职能分工。从技术上采取的措施,包括重视设计多方案选择,严格审查监督初步设计、技术设计、施工图设计、施工组织设计,深入技术领域研究节约投资的可能性。从经济上采取的措施,包括动态比较造价的计划值和实际值,严格审核各项费用支出,采取对节约投资的有力奖励措施等。

应该看到,技术与经济相结合是控制工程造价最有效的手段。

20. 什么是造价工程师? 什么是工程造价咨询? 工程造价咨询单位的资质等级和业务范围有哪些规定?

解答依据:第五节造价工程师和工程造价咨询。

答:造价工程师是通过全国造价工程师执业资格统一考试或者资格认定、资格互认,取得中华人民共和国造价工程师执业资格,并按照《注册造价工程师管理办法》注册,取得中华人民共和国造价工程师注册执业证书和执业印章,从事工程造价活动的专业人员。

工程造价咨询是指面向社会接受委托、承担建设项目的全过程、动态的造价管理,包括可行性研究、投资估算、项目经济评价、工程概算、预算、工程结算、工程竣工结算、工程招标标底、投标报价的编制和审核、对工程造价进行监控以及提供有关工程造价信息资料等业务。

工程造价咨询单位的资质等级分为甲级和乙级。甲级在全国范围内承接各类建设项目的工程造价咨询业务,乙级工程造价咨询单位在全国范围内从事工程造价2亿元人民币以下各类建设项目的工程造价咨询业务。

第**2**章

投资和工程造价的构成

1. 什么是建设工程的成本价？其由哪些费用组成？

解答依据:第二节建筑安装工程费用项目的构成中二、建筑安装工程费用项目的构成。

答:建设工程成本价是指施工单位根据自身技术水平合理控制施工工程中发生的实际成本。建设工程成本价包括人工费、材料费、施工机具使用费、企业管理费。

2. 建设工程造价与一般工业产品的价格构成有哪些不同？举例说明。

解答依据:第一节概述中一、工程造价的理论构成。

答:①建设工程产品需固定在一个地方,其价格构成中包含土地使用的价格。

②建设工程产品的固定性,竣工后可直接移交用户进入生产消费或生活消费,在其价格构成中,不包括一般工业品的流通费用。但是,产品的固定性必然导致生产的人工、材料、机械和相关单位的流动。在产品物质消耗中,不仅仅指构成产品实体的物质消耗,还包括生产过程和参与单位的物质消耗。

③一般工业品的生产者是指生产厂家,而建设工程产品的生产者则是指由参加该项目筹划、勘察设计单位、相关施工企业、建设单位、监理单位等组成的总体劳动者。因此,工程造价中包含的劳动报酬和赢利均是指包括建设单位在内的总体劳动者的劳动报酬和赢利。

3. 建设项目总投资和固定资产投资有何区别和联系？

解答依据：第一节概述中二、我国现行投资和工程造价的构成。

答：建设项目总投资包括固定资产投资和流动资产投资。

4. 工程造价由哪些费用组成？

解答依据：第一节概述中二、我国现行投资和工程造价的构成。

答：如果从投资构成的角度，工程造价包括设备及工器具购置费、建筑安装工程费、工程建设其他费、预备费、建设期贷款利息和固定资产投资方向调节税。

5. 世界银行工程造价的构成与我国现阶段工程造价的构成有哪些不同？

解答依据：第一节概述中三、世界银行工程造价的构成。

答：世界银行工程造价包括项目直接建设成本、项目间接建设成本、应急费、建设成本上升费。

6. 什么是建筑工程造价？什么是安装工程造价？建筑安装工程造价由哪几部分费用组成？

解答依据：第二节建筑安装工程费用项目的构成。

答：建筑工程造价是指为人类生活、生产提供物质技术基础的各类建筑物和工程设施的造价。

安装工程造价指各种设备、装置的安装工程造价，通常包括工业、民用设备，电气、智能化控制设备，自动化控制仪表，通风空调，工业、消防、给排水、采暖管道以及通信设备安装等的造价。

如果按费用构成要素划分，建筑安装工程费包括人工费、材料费、施工机具使用费、企业管理费、利润、规费和税金。

如果按工程造价形成划分，建筑安装工程费包括分部分项工程费、措施项目费、其他项目费、规费和税金。

7. 某市一类建筑工程的分部分项工程费为 120 万元,措施费、企业管理费、规费的综合费率为 20.21%,利润率为 10%,税率为 3.5%,试求该建筑工程的工程造价。

解答依据:第二节建筑安装工程费用项目的构成中二、建筑安装工程费用项目的构成。

答:工程造价 = 120×(1+20.21%)×(1+10%)×(1+3.5%)万元 = 164.23(万元)

8. 人工费由哪几部分费用组成?

解答依据:第二节建筑安装工程费用项目的构成中二、建筑安装工程费用项目的构成。

答:人工费包括计时工资或计件工资,奖金,津贴、补贴,加班加点工资,特殊情况下支付的工资。

9. 什么是材料费? 其由哪些费用组成?

解答依据:第二节建筑安装工程费用项目的构成中二、建筑安装工程费用项目的构成。

答:材料费是指施工过程中耗费的原材料、辅助材料、构配件、零件、半成品或成品、工程设备的费用。具体包括材料原价、运杂费、运输损耗费、采购及保管费。

10. 什么是措施费? 其由哪几部分费用所组成?

解答依据:第二节建筑安装工程费用项目的构成中二、建筑安装工程费用项目的构成。

答:措施费是指为完成建设工程施工,发生于该工程施工前和施工过程中的技术、生活、安全、环境保护等方面的费用。

包括:①安全文明施工费;

②夜间施工增加费;

③二次搬运费;

④冬雨季施工增加费;

⑤已完工程及设备保护费;

⑥工程定位复测费;

⑦特殊地区施工增加费；

⑧大型机械设备进出场及安拆费；

⑨脚手架工程费。

11. 设备购置费由哪些费用组成？应如何计算国产标准设备的购置费？

解答依据：第三节设备及工器具费用的构成中二、设备购置费的构成及计算。

答：设备购置费是指为建设项目购置或自制的达到固定资产标准的各种国产或进口设备、工具、器具的购置费用，由设备原价和设备运杂费构成。

国产标准设备购置费＝国产标准设备原价＋设备运杂费

12. 离岸价 FOB 和到岸价 CIF 有什么不同？如何计算外贸手续费？

解答依据：第三节设备及工器具费用的构成中二、设备购置费的构成及计算。

答：离岸价（FOB）是指装运港船上交货价；到岸价（CIF）是指包括运费、保险费在内的价格。即到岸价（CIF）＝离岸价（FOB）＋国际运费＋运输保险费。

外贸手续费＝CIF×外贸手续费率

13. 某工业建设项目，需要生产用进口设备与材料 500 t，FOB 价为 100 万美元。国际运费费率是 350 美元/t，国内运杂费率是 2.5%，保险公司的海运水渍险是货价的 0.266%，银行财务费为设备与材料离岸价的 0.5%，外贸手续费费率为 1.5%，关税税率为 15%，增值税税率为 17%，人民币对美元的汇率为 6.34：1。试计算该批设备与材料到达目的地的估价。

解答依据：第三节设备及工器具费用的构成中二、设备购置费的构成及计算。

答：FOB＝100（万元）

CIF＝（100+500×350÷10 000+100×0.266%）万元＝117.77（万元）

进口设备抵岸价＝（117.77+100×0.5%+117.77×1.5%+117.77×15%）万元＝137.70（万元）

目的地价＝137.70×（1+2.5%）万元＝141.14（万元）

14. 什么是工程建设其他费? 其由哪 3 类费用组成?

解答依据:第四节工程建设其他费用的构成。

答:工程建设其他费是指从工程筹集开始到竣工验收交付生产或使用为止的整个建设期间,除建筑安装工程费和设备及工器具购置费以外的为保证工程顺利完成和交付使用后能正常发挥效益或效能而发生的各种费用。

工程建设其他费按内容大体分为:

①土地使用费;

②与工程建设有关的其他费用;

③与企业未来生产经营有关的其他费用。

15. 土地使用费包括哪些内容?

解答依据:第四节工程建设其他费用的构成中一、土地使用费。

答:土地使用费由土地征用及迁移补偿费和土地使用权出让金组成。土地征用及迁移补偿费包括:

①土地补偿费;

②青苗补偿费和被征用土地上的房屋、水井、树木等附着物补偿费;

③安置补助费;

④社会保障费用。

16. 建设单位管理费包括哪些内容? 应如何计算?

解答依据:第四节工程建设其他费用的构成中二、建设相关其他费用。

答:建设单位管理费包括建设单位开办费和建设单位经费。

建设单位管理费=单项工程费用之和(包括建筑安装工程费和设备和工器具购置费)×建设单位管理费率(一般按工程费的 1.5% ~3% 计取)

17. 勘察设计费、研究试验费、工程监理费和工程保险费包括哪些内容？如何确定？

解答依据:第四节工程建设其他费用的构成中二、建设相关其他费用。

答:勘察设计费包括:

①编制项目建议书和可行性研究报告及投资估算、工程咨询、评价及为编制上述文件所进行的勘察、设计、研究试验等所需费用;

②委托勘察、设计单位进行初步设计、施工图设计及概预算编制等所需费用;

③在规定的范围内由建设单位自行完成的勘察设计工作所需费用。

勘察设计费的确定:

①项目建议书和可研报告按国家规定收费标准计取;

②设计费按国家颁布的工程设计收费标准计取;

③勘察费一般民用建筑 6 层以下按 3 ~ 5 元/m² ;高层以 8 ~ 10 元/m² 计算;工业建筑以 10 ~ 12 元/m² 计算;

④施工图预算可按总设计费 10% 计算;

⑤单项工程可按预算总价 0.3% 计取。

研究试验费是为建设项目提供或验证设计参数、数据、资料等,所进行的必要的试验费用以及按照设计规定在施工过程中必须进行试验、验证所需费用。

建设单位临时设施费指建设期间建设单位所需临时设施的搭设、维修、摊销费用或租赁费用。

建设单位临时设施费确定:

①新建工程按建筑安装工程费的 1% ;

②改扩建项目按小于建筑安装工程费的 0.6% ;

③三资项目按情况适当提高。

工程监理费指建设单位委托监理单位对工程实施监理所需的费用。

工程监理费确定:

①一般以监理工程概算或预算的 0.03% ~2.5% 计算；

②中外合资、合作、外商独资的建设项目,工程监理费由双方参照国际标准确定；

③对于单工种或临时性项目可根据参与监理的年度平均人数按 3 万 ~5 万元/(人·年)计算。

工程保险费是指建设项目在建设期间根据需要实施工程保险所需的费用,包括各种建筑工程及其在施工过程中的物料、机器设备为保险标的的建筑工程一切险,以及安装工程中的各种机器、机械设备为保险标的的安装工程一切险,以及机器损坏保险等。

工程保险费确定:

①对建筑工程、所有人提供的物资、安装及其他指定分包项目、场地清理费、专业费用、工地内现有财产及被保险人的其他财产测算一个总的费率,该费率为整个工期的一次性费率,其与总保险金额的乘积即为应收取的保险费；

②施工用机器、设备的保险费率采用年费率；

③第三者责任保险费率即为工期费率,主要按每次事故赔偿限额计算；

④保证期保险费率即为工期费率,按总保险金额计算；

⑤因增加附加保障所加收的保险费,按附加保障所属的范畴,即物质损失或第三者责任,及其所要求的赔偿限额分别计算。

对以上①、③、④、⑤项分别测算保险费之后,再相对于物质损失的总保险金额倒算出一个总的工期一次性费率。

引进技术和进口设备其他费用包括:

①出国人员费用；

②国外工程技术人员来华费用；

③技术引进费；

④分期或延期付款利息；

⑤担保费；

⑥进口设备检验鉴定费。

引进技术和进口设备其他费确定:

①出国人员费用:根据设计规定的出国培训和工作的人数、时间和派往的国家,按财政部和

外交部规定的临时出国人员费用开支标准及中国民用航空公司现行的国际航线票价计算；

②国外工程技术人员来华费用：每人每月 4 500～8 000 元费用指标计算；

③技术引进费：依据合同或协议的价格；

④分期或延期付款利息；

⑤担保费：按有关金融机构规定的担保费率计算；

⑥进口设备检验鉴定费：按进口设备的 0.3%～0.5%计算。

18. 联合试运转费与单机试运转费有何不同？

解答依据：第四节工程建设其他费用的构成中三、生产经营相关其他费用。

答：设备单机试运转属于整体设备安装内容范畴。其工作内容应按相应"规范"中的规定为准；不包括机械设备部分以外各系统(如电气、仪表、通风等系统)的试验、调整、试运转。单机试运转所用的除水、电、气、油、燃料需另计以外的其他材料、人工及机械均已包括在设备安装定额内。

联合试运转费是指新建企业或新增加生产工艺过程的扩建企业在竣工验收前，按照设计规定的工程质量标准，进行整个车间的负荷或无负荷联合试运转所发生的费用支出大于试运转收入的亏损部分。不包括应由设备安装费用开支的单体试车费用。不发生试运转费的工程或者试运转收入和支出可相抵消的工程，不列此费用项目。

19. 预备费包括哪些内容？如何计算？写出基本预备费和涨价预备费的计算表达式。

解答依据：第五节预备费、建设期贷款利息和固定资产投资方向调节税。

答：预备费包括基本预备费和涨价预备费。

基本预备费＝(设备及工器具购置费＋建筑安装工程费＋工程建设其他费用)×基本预备费率

$$\text{涨价预备费} = \sum_{t=1}^{n} I_t \left[(1+f)^t - 1 \right]$$

式中 I_t——建设期第 t 年的投资额，包括设备及工器具安装费，建筑安装工程费，工程建设的其他费用以及基本预备费；

f——建设期价格上涨指数；

n——建设期年份数

若建设前进行决策调研，则：

$$涨价预备费 = \sum_{t=1}^{n} I_t \left[(1+f)^m (1+f)^{0.5} (1+f)^{t-1} - 1 \right]$$

式中　m——建设前期年限。

20. 某项目计划总投资为 2 000 万元，分 3 年均衡投放，第一年投资 500 万元，第二年投资 1 000 万元，第三年投资 500 万元，建设期内年投资价格上涨费为 5%，贷款名义利率为 12.84%，按季结息。试计算该项目的涨价预备费和贷款利息。

解答依据：第五节预备费、建设期贷款利息和固定资产投资方向调节税。

答：涨价预备费 $= 500 \times 5\% + 1\,000 \times \left[(1+5\%)^2 - 1 \right] + 500 \times \left[(1+5\%)^3 - 1 \right]$

$\qquad\qquad = 25 + 102.5 + 78.81$

$\qquad\qquad = 206.31（万元）$

贷款利息：$i_实 = \left(1 + \dfrac{12.84\%}{4}\right)^4 - 1 = 13.47\%$

第一年贷款利息：$\dfrac{1}{2} \times (500 + 25) \times 13.47\% = 35.36（万元）$

第二年贷款利息：$\left[525 + 35.36 + \dfrac{1}{2} \times (1\,000 + 102.5) \right] \times 13.47\% = 149.73（万元）$

第三年贷款利息：$\left[525 + 35.36 + 1\,102.5 + 149.73 + \dfrac{1}{2} \times (500 + 78.81) \right] \times 13.47\% = 283.14$
（万元）

建设期贷款利息：$35.36 + 149.73 + 283.14 = 468.23（万元）$

21. 在不计固定资产投资方向调节税情况下，试计算题 20 项目的动态投资额。

解答依据：第五节预备费、建设期贷款利息和固定资产投资方向调节税。

答：动态投资额 = 静态投资 + 涨价预备费 + 利息 $= 2\,000 + 206.31 + 468.23 = 2\,674.54（万元）$

22. 某建设项目的工程费用构成为:主要生产项目 7 400 万元,辅助项目 4 900 万元,公用工程 2 200 万元,环境保护工程 660 万元,总图运输工程 330 万元,服务项目 160 万元,生活福利 220 万元,厂外工程 110 万元。工程建设其他费 400 万元。基本预备费为 10%。建设期价格上涨率为 6%。建设期为两年,每年投资相等。第一年贷款 5 000 万元,第二年贷款 4 800 万元。贷款年利率为 6%(每半年计息一次)。固定资产投资方向调节税税率为 5%。试求该项目基本预备费、涨价预备费、贷款利息、固定资产投资方向调节税和总投资,并求各项费用占固定资产投资的比重(计算时百分数取两位小数,其余取整数)。

解答依据:第五节预备费、建设期贷款利息和固定资产投资方向调节税。

答:基本预备费 = (7 400+4 900+2 200+660+330+180+220+110+400)×10%

$$= (16\ 000+400) \times 10\%$$

$$= 1\ 640(万元)$$

涨价预备费计算:

静态投资额 = 16 000+400+1 640 = 18 040(万元)

每年投资额 $= \dfrac{18\ 040}{2} = 9\ 020(万元)$

$$PC = 9\ 020 \times 6\% + 9\ 020 \times \left[(1+6\%)^2 - 1 \right]$$

$$= 541.2 + 1\ 114.872$$

$$= 1\ 656(万元)$$

贷款利息:$i_实 = \left(1+\dfrac{6\%}{2}\right)^2 - 1 = 6.09\%$

第一年贷款利息:$\dfrac{1}{2} \times 5\ 000 \times 6.09\% = 152(万元)$

第二年贷款利息:$(5\ 000+152.25+\dfrac{1}{2} \times 4\ 800) \times 6.09\% = 460(万元)$

建设期贷款利息:152+460 = 612(万元)

固定资产投资:16 000+400+1 640+1 656+612 = 20 308(万元)

工程费用所占比重：$\dfrac{16\,000}{20\,308}=78.79\%$

工程建设其他费所占比重：$\dfrac{400}{20\,308}=1.97\%$

预备费所占比重：$\dfrac{1\,656+1\,640}{20\,308}=16.23\%$

贷款利息所占比重：$\dfrac{612}{20\,308}=3.01\%$

23. 某项目拟全套引进国外进口设备,设备总重 100 t,离岸价(FOB)为 200 万美元(美元对人民币汇率按 1∶6.3 计算);海运费率为 6%,海外运输保险费率为 2.66‰,关税税率为 17%,增值税率为 17%,银行财务费率为 0.4%,外贸手续费率为 1.5%;到货口岸至安装现场 500 km,运输费为 0.6 元/(t·km),装卸费均为 50 元/t;现场保管费率为 0.2%。该工程附属项目投资分别按设备投资的一定比例计算,见表 2.1。

若该项目基本预备费按 5% 计取;建设期为 2 年,投资按等比例投入,预计年平均涨价率为 6%;固定资产投资方向调节税按 5% 计取;该项目自有资金为 500 万元,其余为银行贷款,年利率为 10%,均按两年等比例投入。试计算设备购置费和该项目建设总投资。

表 2.1　附属项目投资比例表

土建工程	36%	电气照明	1%
设备安装	12%	自动化仪表	11%
工艺管道	5%	附属工程	24%
给排水	10%	总体工程	12%
暖　通	11%	其他投资	20%

解答依据:第二章投资和工程造价的构成。

答:货价:$200\times6.3=1\,260$(万元)

国际运费:$1\,260\times6\%=75.6$(万元)

运输保险费:$\dfrac{1\,260+75.6}{1-2.66‰}\times2.66‰=3.56$(万元)

到岸价格:1 260+75.6+3.56=1 339.16(万元)

关税:1 339.16×17%=227.66(万元)

增值税:(1 339.16+227.66)×17%=266.36(万元)

财务费:1 260×0.4%=5.04(万元)

外贸手续费:1 339.16×1.5%=20.09(万元)

运输及装卸费:$\dfrac{100\times0.6\times500+100\times50\times2}{10\ 000}=4$(万元)

现场保管费:(1 260+75.6+3.56+227.66+266.36+5.04+20.09+4)×0.2%

$\qquad\qquad=1\ 862.31\times0.2\%$

$\qquad\qquad=3.72$(万元)

设备购置费:1 862.31+3.72=1 866.03(万元)

附属项目投资:1 866.03×(0.36+0.12+0.05+0.1+0.11+0.01+0.11+0.24+0.12+0.24)= 2 649.76(万元)

基本预备费:(2 649.76+1 866.03)×5%=4 515.79×5%=225.79(万元)

涨价预备费:总投资额=2 649.76+1 866.03+225.79=4 741.58(万元)

每年投资额$=\dfrac{4\ 741.58}{2}=2\ 370.79$(万元)

$PC=2\ 370.79\times6\%+2\ 370.79\times\left[(1+6\%)^2-1\right]=435.28$(万元)

贷款利息:4 741.58+435.28-500=4 676.86(万元)

$\dfrac{4\ 676.86}{2}=2\ 338.43$(万元)

第一年贷款利息:$\dfrac{1}{2}\times2\ 338.43\times10\%=116.92$(万元)

第二年贷款利息:$(2\ 338.43+116.92+\dfrac{1}{2}\times2\ 338.43)\times10\%=362.46$(万元)

建设期贷款利息:116.92+362.46=479.38(万元)

建设总投资:4 741.58+435.28+479.38=5 656.24(万元)

第 **3** 章
工程造价的计价依据和方法

1. 什么是建设工程定额？主要作用有哪些？

解答依据:第三章第一节概述中三、工程造价计价依据的内容。

答:建设工程定额是指在正常的施工条件和合理劳动组织、合理使用材料及机械的条件下,完成单位合格产品所必须消耗资源的数量标准,其中的资源主要包括在建设生产过程中所投入的人工、机械、材料和资金等生产要素。建设工程定额是工程建设中各类定额的总称。

建设工程定额主要作用:

①全国统一定额是国家对建设工程施工的人工、材料、机械等消耗量标准的宏观管理;

②编制计划的基础;

③是确定工程造价和比较设计方案经济合理性的尺度;

④是施工企业适应市场投标竞争和进行企业管理的重要工具;

⑤有利于建筑市场公平竞争,是对市场行为的规范;

⑥有利于完善市场的信息系统;

⑦有利于提高劳动生产率。

2. 计价依据有哪些类型？试述其主要特点。

解答依据:第三章第一节概述中三、工程造价计价依据的内容。

答：①规范工程计价的依据：国家标准《建设工程工程量清单计价规范》《建筑工程建筑面积计算规范》；行业推荐性标准，如《建设项目投资估算编审规程》等。

②计算设备数量和工程量的依据：可行性研究资料；初步设计、扩大初步设计、施工图设计图纸和资料；工程变更及施工现场签证。

③计算分部分项工程人工、材料、机械台班消耗量及费用的依据：概算指标、概算定额、预算定额；人工单价；材料预算单价；机械台班单价；工程造价信息。

④计算建筑安装工程费用的依据：间接费定额、价格指数。

⑤计算设备费的依据：设备价格、运杂费率等。

⑥计算工程建设其他费用的依据：用地指标、各项工程建设其他费用定额等。

⑦和计算造价相关的法规和政策：包含在工程造价内的税种、税率；与产业政策、能源政策、环境政策、技术政策和土地等资源利用政策有关的取费标准；利率和汇率。

⑧其他计价依据。

3. 我国现行的计价方法主要有哪两种？试述它们的计价过程。

解答依据：第三章第一节概述中二、我国现阶段的工程造价计价的两种方法。

答：我国现行的计价方法有定额计价法和工程量清单计价法。

定额计价法计价过程：采用国家、部门或地区统一规定的预算定额、单位估价表，按费用定额规定的计价程序和取费标准进行工程造价计价。

工程量清单计价法计价过程：将反映拟建工程的分部分项工程量清单、措施项目清单、其他项目清单的工程数量，分别乘以相应的综合单价，即可分别得出 3 种清单中各子项的价格；将 3 种清单中的各子项价格分别相加，即分别得出 3 种清单的合计价格。最后将 3 种清单的合计价格同规费和税金相加，即可得出拟建工程造价。

4. 什么是工序？什么是施工过程？

解答依据：第三章第二节人工、材料、机械台班定额消耗量的确定方法中一、施工过程的概念。

答:工序是指一个工人或工人小组,在一个工地上,对同一个或几个劳动对象所完成的一切连续活动的总和。工序的主要特征是劳动者、劳动对象和使用的劳动工具均不发生变化。

施工过程是指在建设工地范围内,所进行的生产过程。施工过程由一个或多个工序所组成。

5. 已知浇筑混凝土的基本工作时间为 300 min,准备与结束时间 17.5 min,休息时间11.2 min,不可避免的中断时间8.8 min,损失时间85 min,共浇筑混凝土2.5 m³。求浇筑混凝土的时间定额和产量定额。

解答依据:第三章第二节人工、材料、机械台班定额消耗量的确定方法中二、人工消耗量定额。

答:定额时间:$\dfrac{300+17.5+11.2+8.8}{8\times60}=0.703$(工日)

产量定额:$\dfrac{2.5}{0.703}=3.556$ m³/(工日)

时间定额:$\dfrac{0.703}{2.5}=0.281$(工日/m³)

6. 已知用塔式起重机吊运混凝土。测定塔节需时 50 s,运行需时 80 s,卸料需时 40 s,返回需时 30 s,中断 40 s。每次装运混凝土 0.5 m³,机械利用系数0.85。求塔式起重机的产量定额和时间定额。

解答依据:第三章第二节人工、材料、机械台班定额消耗量的确定方法中四、机械消耗量定额。

答:一次循环时间:$50+80+40+30+40=240$(s)

每小时循环次数:$\dfrac{60\times60}{240}=15$(次/h)

产量定额:$15\times8\times0.5\times0.85=51$(m³/台班)

时间定额:$\dfrac{1}{51}=0.02$(台班/m³)

7. 什么是施工定额？企业为什么要编制施工定额？施工定额为什么要采用平均先进水平进行编制？

解答依据：第三章第二节人工、材料、机械台班定额消耗量的确定方法中五、施工定额。

答：施工定额是指在全国统一定额指导下，以同一性质的施工过程为测算对象，以施工企业工料机消耗定额为基础，由施工企业编制的完成单位合格产品的人工、材料、机械台班等消耗量的数量标准。

编制原因：施工定额是施工企业的生产定额，是企业管理工作的基础。具体包括：

①施工定额是企业编制施工预算的尺度；

②施工定额是组织施工的有效工具；

③施工定额是计算劳动报酬和按劳分配的依据；

④施工定额促进技术进步和降低工程成本；

⑤施工定额是编制预算定额的基础。

采用平均先进水平编制的原因：平均先进水平是一种可以鼓励先进，勉励中间，鞭策后进的定额水平。只有采用平均先进水平才能促进劳动生产率的提高，才能增强企业的竞争能力。

8. 什么是材料预算价格？如何确定？

解答依据：第三章工程造价的计价依据和方法中第三节建筑安装工程费用的计算方法。

答：材料预算价格：材料从其来源地到达施工工地仓库后出库的综合平均价格。

材料单价＝（材料原价＋运杂费）×（1＋运输损耗率）×（1＋采购保管费率）

9. 某工程购置袋装水泥 80 t，市场价 330 元/t，厂供价 300 元/t；运输费厂供价为 15 元/t，市场购置的运输费为 10 元/t；损耗率厂供为 1%，市场购置损耗为 0.5%；采购及保管费率，厂供为 2.5%，市场购为 2%。试确定拟选用的采购方案，并计算该批水泥的材料价格。

解答依据：第三章工程造价的计价依据和方法中第三节建筑安装工程费用的计算方法。

答:市场采购材料单价:$[(330+10)\times(1+0.5\%)]\times(1+2\%)=348.53$(元)

厂家拿货材料单价:$[(300+15)\times(1+1\%)]\times(1+2.5\%)=326.10$(元)

通过比较,应该选择厂家拿货的方案。

该批水泥材料价格为326.10元/t。

10.什么是机械台班单价?应如何计算?

解答依据:第三章工程造价的计价依据和方法中第三节建筑安装工程费用的计算方法。

答:机械台班单价指一台施工机械,在正常运转条件下一个工作班中所发生的全部费用,按8 h工作制计算。

机械台班单价=台班折旧费+台班大修费+台班经常修理费+台班安拆费及场外运费+台班人工费+台班燃料动力费+台班车船税费

11.预算定额与施工定额有哪些联系和区别?试列表比较说明。

解答依据:第三章工程造价的计价依据和方法,第四节预算定额和工程单价的编制方法中一、预算定额。

答:

项目对象	预算定额	施工定额
定 义	在正常的施工条件下,完成一定计量单位合格分项工程和结构构件所需消耗的人工、材料、施工机械台班数量及其费用标准	完成一定计量单位的某一施工过程或基本工序所需消耗的人工、材料、施工机械台班数量标准
对 象	分项工程和结构构件	施工过程或基本工序
性 质	计价定额	企业定额
用 途	编制施工图预算	编制施工预算
划分程度	细	最细
定额水平	平均	平均先进
定额性质	计价性定额	生产性定额

续表

项目对象	预算定额	施工定额
主要作用	1. 预算定额是编制施工图预算,确定和控制建筑安装工程造价的依据 2. 预算定额是对设计方案进行技术经济比较、技术经济分析的依据 3. 预算定额是施工企业进行经济活动分析的依据 4. 预算定额是编制标底、投标报价的基础 5. 预算定额是编制概算定额和概算指标的基础	1. 施工定额是企业编制施工预算的尺度 2. 施工定额是组织施工的有效工具 3. 施工定额是计算劳动报酬和按劳分配的依据 4. 施工定额促进技术进步和降低工程成本 5. 施工定额是编制预算定额的基础
编制原则	1. 社会平均水平原则 2. 简明适用原则 3. 坚持统一性和差别性相结合的原则	1. 平均先进原则 2. 简明适用原则 3. 专业人员和群众结合,以专业人员为主编制订额原则 4. 独立自主的原则
指标内容	1. 预算工时间消耗量=(基本用工+辅助用工+超运距用工)×(1+人工幅度差系数) 2. 预算定额材料消耗量=材料净耗量×(1+损耗率) 3. 预算定额机械台班消耗量=基本消耗量×(1+机械幅度差系数)	1. 人工定额(劳动定额):工序作业时间=基本工作时间×(1+辅助时间%) 定额时间=工序作业时间/(1-规范时间%) 2. 材料消耗定额:直接性:材料消耗量=净用量/(1-损耗率) 损耗率=损耗量/消耗量×100% 周转性材料:摊销量=一次使用量×(1+损耗率)/周转次数 3. 机械消耗定额:循环动作机械:工作1小时生产率=1小时正常循环次数×每一次循环中生产的产品数量。($N_h=n×m$) 连续动作机械:1小时生产率=1小时内完成产品数量($N_h=m/t$)　机械台班=1小时生产效率×工作班的延续时间×台班时间利用系数

项目对象	预算定额	施工定额
编制单位	国家、行业或地区建设行政主管部门	施工企业
两者的联系	预算定额以施工定额为基础编制,都规定了完成单位合格产品,所需人工、材料、机械台班消耗的数量标准	

12. 工程量清单中的单价应如何确定？请列出计算表达式。

解答依据:第三章工程造价的计价依据和方法,第四节预算定额和工程单价的编制方法中四、分部分项工程单价的编制方法。

答:综合单价＝人工费+材料费+机械使用费+企业管理费+利润+风险费用

13. 概算定额与预算定额有哪些联系和区别？请列表比较说明。

解答依据:第三章 工程造价的计价依据和方法,第五节 概算定额和估算指标。

答:

项目对象	预算定额	概算定额
定 义	在正常的施工条件下,完成一定计量单位合格分项工程和结构构件所需消耗的人工、材料、施工机械台班数量及其费用标准	完成单位合格扩大分项工程和扩大结构构件所需消耗的人工、材料、施工机械台班数量标准
对 象	分项工程和结构构件	扩大分项工程和扩大结构构件
用 途	编制施工图预算	编制扩大初步设计概算
划分程度	细	较粗
定额水平	平均	平均
定额性质	计价性定额	计价性定额

续表

项目对象	预算定额	概算定额
主要作用	1. 预算定额是编制施工图预算,确定和控制建筑安装工程造价的依据 2. 预算定额是对设计方案进行技术经济比较、技术经济分析的依据 3. 预算定额是施工企业进行经济活动分析的依据 4. 预算定额是编制标底、投标报价的基础 5. 预算定额是编制概算定额和概算指标的基础	1. 概算定额是初步设计阶段编制建设项目设计概算的依据 2. 概算定额是设计方案比较的依据 3. 概算定额是编制主要材料需要量的计算基础
编制原则	1. 社会平均水平原则 2. 简明适用原则 3. 坚持统一性和差别性相结合的原则	1. 社会平均水平原则 2. 简明适用原则
指标内容	1. 预算工时间消耗量=(基本用工+辅助用工+超运距用工)×(1+人工幅度差系数) 2. 预算定额材料消耗量=材料净耗量×(1+损耗率) 3. 预算定额机械台班消耗量=基本消耗量×(1+机械幅度差系数)	1. 总说明:说明概算指标的编制依据、适用范围、使用方法等 2. 示意图:说明工程的结构形式。工业项目中还应表示出吊车规格等技术参数 3. 结构特征:详细说明主要工程的结构形式、层高、层数和建筑面积等 4. 经济指标:说明该项目每100 m^2 或每座构筑物的造价指标,以及其中土建、水暖、电器照明等单位工程的相应造价 5. 分部分项工程构造内容及工程量指标:说明该工程项目各分部分项工程的构造内容,相应计量单位的工程量指标,以及人工、材料消耗指标

续表

项目对象	预算定额	概算定额
编制单位	国家、行业或地区建设行政主管部门	造价管理站
两者的联系	概算定额是在预算定额基础上根据有代表性的通用设计图和标准图等资料,以主要工序为准,综合相关工序,进行综合、扩大和合并而成的定额。概算定额是预算定额的综合扩大	

14. 建设单位管理费、设计费、工程监理费、保险费应如何确定?

解答依据:第二章第四节工程建设其他费用的构成。

答:建设单位管理费=工程费用之和(包括设备及工器具购置费和建筑安装工程费)×建设单位管理费费率

设计费确定:按照《关于发布〈工程勘察设计收费管理规定〉的通知》(计价格〔2002〕10号)的规定计算。

工程监理费确定:按国家发改委与建设部联合发布的《建设工程监理与相关服务收费管理规定》(发改价格〔2007〕670号)计算。依法必须实行监理的建设工程施工阶段的监理收费实行政府指导价;其他建设工程施工阶段的监理收费和其他阶段的监理与相关服务收费实行市场调节价。

保险费确定:根据不同的工程类别,分别以其建筑、安装工程费乘以建筑、安装工程保险费率计算。民用建筑(住宅楼、综合性大楼、商场、旅馆、医院、学校)占建筑工程费的0.2% ~ 0.4%;其他建筑(工业厂房、仓库、道路、码头、水坝、隧道、桥梁、管道等)占建筑工程费的0.3% ~0.6%;安装工程(农业、工业、机械、电子、电器、纺织、矿山、石油、化学及钢铁工业、钢结构桥梁)占建筑工程费的0.3% ~0.6%。

为合理确定工程建设其他费,如确定勘察设计费、工程监理费、工程保险费等,往往通过招标投标的方式,择优选择能保证质量、工期和报价合理的单位承担规定的任务。在这种市场竞争环境中,勘察设计等单位,也应编制适合本单位使用的取费标准,做好优化设计和限额设计工作,参与投标竞争,不断提高市场竞争能力。

15. 某建设项目建筑安装投资 2 000 万元,价格指数 110%,设备及工器具投资 3 000 万元,价格指数 105%,工程建设其他费用投资 800 万元,价格指数 106%。求该项目的工程造价指数,并说明其含义。

解答依据:第三章工程造价的计价依据和方法中第六节工程造价指数和工程造价资料。

答:2 000+3 000+800 = 5 800(万元)

建设项目工程造价指数 $= \dfrac{2\ 000}{5\ 800} \times 110\% + \dfrac{3\ 000}{5\ 800} \times 105\% + \dfrac{800}{5\ 800} \times 106\% = 107\%$

16. 某分项工程人工、材料、机械消耗量、基期、报告期价格见表 3.1。求该工程人材机费价格指数。

表 3.1 某分项工程人工、材料、机械消耗量、基期、报告期价格表

序号	项 目		消耗量	基价期	报告期价
1	人工		1 000 工日	20 元/工日	23 元/工日
2	材料	甲	100 t	2 500 元/t	2 600 元/t
		乙	200 t	2 600 元/t	2 700 元/t
3	机械		100 台班	200 元/台班	250 元/台班

解答依据:第三章工程造价的计价依据和方法中第六节工程造价指数和工程造价资料。

答:报告期人材机费 $= 23 \times 1\ 000 + 2\ 600 \times 100 + 2\ 700 \times 200 + 250 \times 100 = 848\ 000(元)$

价格指数 =

$$\dfrac{23 \times 1\ 000}{848\ 000} \times \dfrac{23}{20} + \dfrac{2\ 600 \times 100}{848\ 000} \times \dfrac{2\ 600}{2\ 500} + \dfrac{2\ 700 \times 200}{848\ 000} \times \dfrac{2\ 700}{2\ 600} + \dfrac{250 \times 100}{848\ 000} \times \dfrac{250}{200} = 105\%$$

17. 影响人工、材料、机械价格变化有哪些因素?试举例说明。

解答依据:第三章工程造价的计价依据和方法中第六节工程造价指数和工程造价资料。

答:①社会平均工资或价格水平;

②生活消费指数;

③市场的供求变化;

④政府推行的有关政策或法律法规;

⑤有关成本的变化;

⑥运输方式或渠道;

⑦单价的组成内容。

18. 什么是工程造价资料? 它有哪些用途?

解答依据:第三章工程造价的计价依据和方法中第六节工程造价指数和工程造价资料。

答:工程造价资料是指已建成竣工和在建的有使用价值的有代表性的工程设计概算、施工图预算、工程竣工结算、竣工决算、单位工程施工成本以及新材料、新结构、新设备、新施工工艺等建筑安装工程分部分项的单价资料等。

工程造价资料的作用:

①是工程造价宏观管理、决策的基础;

②是制订修订投资估算指标,概预算定额和其他技术经济指标以及研究工程造价变化规律的基础;

③是编制、审查、评估项目建议书、可行性研究报告投资估算,进行设计方案比较,编制设计概算,投标报价的重要参考;

⑤为核定固定资产价值,考核投资效果的参考。

19. 应如何来搜集和利用工程造价资料?

解答依据:第三章工程造价的计价依据和方法中第六节工程造价指数和工程造价资料。

答:工程造价资料收集的内容应包括主要工程量、材料数量、设备数量和价格,还要包括对造价确实有重要影响的技术经济条件,如工程的概况、建设条件等。有关资料的收集可以通过委托人提供;实地勘察;咨询有关人士;查阅有关报刊或网站;广告征询有关资料。

利用资料:①作为编制固定资产投资计划的参考,用以进行建设成本分析;

②进行单位生产能力投资分析;

③作为编制投资估算的重要依据;

④作为编制初步设计概算和审查施工图预算的重要依据;

⑤作为确定招标控制价和投标报价的参考资料;

⑥作为技术经济分析的基础资料;

⑦作为编制各类定额的基础资料;

⑧用以测定调价系数和编制造价指数;

⑨用以研究工程造价的变化规律。

20. 某工业架空热力管道工程,由型钢支架工程和管道工程组成。由于现行定额中没有适用的定额子目,需要根据现场实测数据,结合工程所在地的人工、材料、机械台班单价,编制每 10 t 型钢支架和每 10 m 管道工程单价。并测算 50 t 型钢支架工程和 300 m 管道安装工程的投标报价。

(1)型钢支架工程

①若实测得每焊接 1 t 型钢支架需要基本工作时间 54 h,辅助工作时间、准备与结束时间、不可避免的中断时间、休息时间分别占工作持续时间的 3%,2%,2%,18%。试计算每焊接 1 t 型钢支架的人工时间定额和产量定额。

②若除焊接外,每吨型钢支架的安装、防腐、油漆等时间定额为 12 工日。在作投标报价时,各项作业人工幅度差取 10%,试计算每吨型钢支架工程的预算定额人工消耗量。

③若工程所在地综合人工工资标准为 22.50 元/工日,每吨型钢支架工程钢材的损耗率为 6%,钢材单价为 3 600 元/t,消耗其他材料费 3 800 元/t,消耗各种机械台班费 490 元/t。试计算每 10 t 型钢支架工程的单价。

(2)管道工程

①若测得完成每米管道保温需要基本工作时间 5.2 h,辅助工作时间、准备与结束时间、不可避免的中断时间、休息时间分别占工作延续时间的 2%,2%,2%,16%。试计算每米管道保

温的人工时间定额和产量定额。

②若除保温外,每米管道安装工程、防腐、包铝箔等作业的人工时间定额为 8 工日。在作投标报价时,各项作业人工幅度差取 12%。试计算每米管道工程的预算定额人工消耗量。

③若工程所在地综合人工工资标准为 23.00 元/工日。每米管道工程消耗 325 碳素钢管道 56 kg(钢管价 3 100 元/t),保温材料 0.085 m³(保温材料综合价 290 元/m³),消耗其他材料费 230 元/m,消耗各种机械台班费 360 元/m。试计算每 10 m 管道工程的单价。

(3)投标报价

若该工程所在地区的其他措施费、企业管理费和规费的综合费费率为 128.01%,利润率为 52.16%,税率为 3.49%。试计算 50 t 型钢支架工程和 300 m 管道安装工程的投标报价。

解答依据:第三章工程造价的计价依据和方法中第三节建筑安装工程费用的计算方法。

答:

(1)型钢支架工程

①定额时间 $= \dfrac{54}{1-3\%-2\%-2\%-18\%} \div 8 = 9$(工日)

时间定额 = 9(工日/t)

产量定额 = 1/9 = 0.11(t/工日)

②预算定额人工消耗量 = (12+9)×(1+10%) = 23.1(工日)

③材料消耗量 = 10×(1+6%) = 10.6(t)

10 t 型钢所需工日数 = 10.6×9 = 95.4(工日)

人工费 = 22.5×95.4 = 2 146.5(元)

材料费 = (3 600+3 800)×10.6 = 78 440(元)

机械使用费 = 490×10.6 = 5 194(元)

工程单价 = 2 146.5+78 440+5 194 = 85 780.5(元)

(2)管道工程

①定额时间 $= \dfrac{5.2}{1-2\%-2\%-2\%-16\%} \div 8 = 0.83$(工日)

时间定额 = 0.83(工日/m)

产量定额=1/0.83=1.20(m/工日)

②预算定额人工消耗量=(0.83+8)×(1+12%)=9.89(工日)

③人工费:23×10×0.83=190.9(元)

材料费:10×(56×3 100/1 000+0.085×290+230)=4 282.5(元)

施工机具使用费:360×10=3 600(元)

工程单价:190.9+4 282.5+3 600=8 073.4(元)

(3)投标报价

①型钢支架工程其他措施费、企业管理费和规费=2 146.5×128.01%=2 747.74(元)

利润=2 146.5×52.16%=1 119.61(元)

税金=(85 780.5+2 747.74+1 119.61)×3.49%=3 128.71(元)

工程报价=85 780.5+2 747.74+1 119.61+3 128.71=92 776.56(元)。

②管道工程

其他措施费、企业管理费和规费=190.9×128.01%=244.37(元)

利润=190.9×52.16%=99.57(元)

税金=(8 073.4+244.37+99.57)×3.49%=293.77(元)

工程报价=8 073.4+244.37+99.57+293.77=8 711.11(元)。

第 **4** 章
投资估算与财务评价

1. 什么是投资估算？投资估算在工程造价管理工作的地位和作用是什么？

解答依据：第四章第一节概述。

答：投资估算是指在整个投资决策过程中，依据现有的资料和一定的方法，对建设项目未来发生的全部费用进行预测和估算。

地位：投资估算是论证拟建项目的重要经济文件，即是建设项目技术经济评价和投资决策的重要依据，又是项目实施阶段投资控制的目标值，其在建设项目投资决策、造价控制、筹集资金等方面都有重要作用。

作用：

①项目建议书阶段的投资估算，是项目主管部门审批项目建议书的依据之一，也是编制项目规划确定建设规模的参考依据。

②可研阶段的投资估算是项目投资决策的重要依据，也是研究分析和计算投资经济效果的重要条件。

③设计阶段造价控制的依据。

④可作为项目资金筹措及指定建设贷款的依据。

⑤是核算建设项目固定资产投资需要额和编制固定资产投资计划的重要依据。

⑥是建设工程设计招标、优选设计单位和设计方案的重要依据。

2.试述投资估算和财务评价对建设项目的成败有何意义。

解答依据:第四章第一节概述。

答:投资估算贯穿于整个投资决策过程中,是建设项目设计方案的选择依据和初步设计的工程造价的控制目标。建设项目财务评价是投资决策阶段可行性研究的核心内容。它通过重点考察项目的赢利能力,从而判断其财务可行性。

3.投资估算的阶段是如何划分的? 其要求精度是怎样规定的?

解答依据:第四章第一节概述。

答:投资估算分为3个阶段,如下所述:

①项目建议书阶段的投资估算。投资的误差率可在±30%;

②初步可行性研究阶段的投资估算。投资估算的误差率一般要求控制在±20%;

③详细可行性研究阶段的投资估算。该阶段研究内容详尽、深入,投资估算的误差率应控制在±10%以内。

4.投资估算包括哪些内容?

解答依据:第四章第一节概述。

答:根据工程造价的构成,建设项目投资的估算包括固定资产投资估算和流动资金估算。固定资产投资估算的内容按照费用的性质划分,包括设备及工器具购置费、建筑安装工程费用、工程建设其他费用、建设期贷款利息、预备费。固定资产投资可分为静态部分和动态部分。涨价预备费、建设期利息构成动态投资部分;其余部分为静态投资部分。

5.简述投资估算的方法各自的运用范围和使用特点。

解答依据:第四章第二节投资估算的编制方法。

答:

(1)固定资产投资估算的方法

1)静态投资部分

①资金周转率法。

$$资金周转率 = \frac{年销售总额}{总投资} = \frac{产品的年产量 \times 产品单价}{总投资}$$

运用范围:投资机会研究及项目建议书阶段的投资估算。

使用特点:简便快捷,但精确度较低。

②生产能力指数法。

$$c_2 = c_1 \left(\frac{Q_2}{Q_1} \right)^n f$$

式中 c_1——已建类似项目或装置的投资额;

c_2——拟建项目或装置的投资额;

Q_1——已建类似项目或装置的生产能力;

Q_2——拟建项目或装置的生产能力;

f——不同时期、不同地点的定额、单价、费用变更等的综合调整系数;

n——生产能力指数,$0 \leqslant n \leqslant 1$。

运用范围:要求类似工程的资料可靠,条件基本相同。

使用特点:计算简单、速度快。

③比例估算法。

以拟建项目或装置的设备费为基数:

$$C = E(1 + f_1 P_1 + f_2 P_2 + f_3 P_3 + \cdots) + I$$

式中 C——拟建项目或装置的投资额;

E——根据拟建项目或装置的设备清单按当时当地价格计算的设备费(包括运杂费)的 总和;

P_1, P_2, P_3——已建项目中建筑、安装及其他工程费用等占设备费的百分比;

f_1, f_2, f_3——由于时间因素引起的定额、价格、费用标准等变化的综合调整系数；

I——拟建项目的其他费用。

以拟建项目中的最主要、投资比重较大并与生产能力直接相关的工艺设备的投资（包括运杂费及安装费）为基数：

$$C = E(1 + f_1 P'_1 + f_2 P'_2 + f_3 P'_3 + \cdots) + I$$

式中　P'_1, P'_2, P'_3——已建项目中各专业工程费用占工艺设备费用的百分比。

其他符号同前。

运用范围：设计深度不足，拟建建设项目与类似建设项目的主要生产工艺设备投资比重较大，行业内相关系数等基础资料完备。

使用特点：计算简单、速度快。

④朗格系数法。

$$C = E \cdot \left(1 + \sum K_i\right) \cdot K_c$$

式中　C——总建设费用；

　　　E——主要设备费用；

　　　K_i——管线、仪表、建筑物等项费用的估算系数；

　　　K_c——管理费、合同费、应急费等间接费在内的总估算系数。

运用范围：常为国际上估算一个项目或一套装置的费用。

使用特点：比较简单但精确度不高。

⑤设备与厂房系数法。

运用范围：设计方案已确定了生产工艺，且初步选定了工艺设备并进行了工艺布置。

⑥主要车间系数法。设计中重点考虑了主要生产车间的产品方案和生产规模的生产项目，且有已建类似项目的投资比例。

⑦指标估算法。土建工程、室内给排水工程、电气照明工程、采暖工程、变配电工程等各单位工程的投资＝投资估算指标×拟建房屋、建筑物所需的面积、体积、座（个）、容量等。

2)动态投资部分

①涨价预备费。

$$涨价预备费 = \sum_{t=1}^{n} I_t [(1 + f)^t - 1]$$

式中 I_t——建设期第 t 年的投资额,包括设备及工器具安装费、建筑安装工程费、工程建设的

其他费用以及基本预备费;

f——建设期价格上涨指数;

n——建设期年份数。

如果建设前有一段决策调研阶段,则涨价预备费为:

$$涨价预备费 = \sum_{t=1}^{n} I_t [(1 + f)^m (1 + f)^{0.5} (1 + f)^{(t-1)} - 1]$$

②外汇变化。汇率变化是通过预测汇率在项目建设期内的变动程度,以估算年份的投资额为基数而计算求得的。

③建设期贷款利息。

$$i_{实} = \left(1 + \frac{i_名}{m}\right) - 1$$

$$每年应计利息 = \left(年初贷款本息和 + \frac{1}{2} \times 当年贷款额\right) \times i_{实}$$

(2)流动资金的估算

1)扩大指标估算法

①产值(或销售收入)资金率估算法:

流动资金额=年产值(年销售收入额)×产值(销售收入)资金率

②经营成本(或总成本)资金率估算法:

流动资金额=年经营成本(年总成本)×经营成本资金率(总成本资金率)

③固定资产投资资金率估算法:

流动资金额=固定资产投资×固定资产投资资金率

④单位产量资金率估算法:

流动资金额=年生产能力×单位产量资金率

2)分项详细估算法

①应收账款估算：

$$应收账款 = \frac{年销售收入}{应收账款周转次数}$$

②存货估算：

$$存货 = 外购原材料 + 外购燃料 + 在产品 + 产成品$$

$$外购原材料占用资金 = \frac{年外购原材料总成本}{原材料周转次数}$$

$$外购燃料 = \frac{年外购燃料}{按种类分项周转次数}$$

$$在产品 = \frac{年外购原材料、燃料 + 年工资及福利费 + 年修理费 + 年其他制造费}{在产品周转次数}$$

$$产成品 = \frac{年经营成本}{产成品周转次数}$$

③现金需要量估算：

$$现金需要量 = \frac{年工资及福利费 + 年其他费用}{现金周转次数}$$

年其他费用 = 制造费用 + 管理费用 + 销售费用 – (以上三项费用中所含的工资及福利费、折旧费、维简费、摊销费、修理费)

④流动负债估算：

$$应付账款 = \frac{年外购原材料 + 年外购燃料}{应付账款周转次数}$$

6.试述财务基础数据估算表的内容。

解答依据：第四章第三节财务报表的编制。

答：财务基础数据估算表包括财务现金流量表、流动资金估算表、资产负债表、利润与利润分配表。

7.试述生产成本费用的估算方法。以制造成本法和费用要素法估算成本费用有何不同？

解答依据：第四章第三节财务报表的编制。

答:总成本费用可按生产成本加期间费用估算法和生产要素估算法进行。

制造成本法即生产成本加期间费用估算法:

$$总成本费用=生产成本+期间费用$$

$$生产成本=直接材料费+直接燃料和动力费+直接工资+其他直接支出+制造费用$$

$$期间费用=管理费用+营业费用+财务费用$$

生产要素法估算法:

$$总成本费用=外购原材料、燃料和动力费+工资及福利费+折旧费+摊销费+修理费+财务$$
费用(利息支出)+其他费用

8.试述财务基础数据估算表和财务评价报表之间的联系,并详细说明其对应关系。

解答依据:第四章第四节项目的财务评价。

答:通过全部投资现金流量表,可计算投资回收期和内部收益率、净现值;

通过资产负债表,可计算资产负债率、流动比率、速动比率。

9.试述财务评价内容和指标体系,它们之间有何联系? 项目财务赢利能力应由哪些指标
　　来判别?

解答依据:第四章第四节项目的财务评价。

答:财务评价是根据国家现行财税制度和价格体系,分析、计算项目直接发生的财务效益和费用,编制财务报表,计算评价指标,考察项目的赢利能力、清偿能力以及外汇平衡等财务状况,进行不确定分析,据以判别项目的财务可行性。财务评价效果的好坏,除了要明确项目评价范围,准确地估计基础数据,编制完整、可行的财务报表之外,还要采用合理的评价指标体系。只有选取正确的评价指标体系,财务评价结果才能与客观实际情况相吻合,才具有实际意义。一般来说,根据不同的评价深度要求和可获得资料的多少,以及项目本身所处条件的不同,可选用不同的指标。这些指标有主次,可以从不同侧面反映项目的经济效果。项目财务盈利能力指标:财务内部收益率、投资回收期、财务净现值、投资利润率、投资利税率、资本金利润率等。

10. 全部投资财务现金流量表和自有资金财务现金流量表在"现金流出"项目的分项表达上有何不同？造成这种差异的原因是什么？

解答依据：第四章第三节财务报表的编制。

答：全部投资财务现金流量表的现金流出＝建设投资＋流动资金＋经营成本＋营业税金及附加＋维持运营投资

自有资金财务现金流量表的现金流出＝项目资本金＋借款本金偿还＋借款利息支付＋经营成本＋销售税金及附加＋所得税＋维持运营投资

差异原因："自有资金现金流量表"是站在项目投资主体角度考察项目的现金流入流出情况。从项目投资主体的角度看，建设项目投资借款是现金流入，但又同时将借款用于项目投资则构成同一时点、相同数额的现金流出，二者相抵，对净现金流量的计算无影响。因此表中投资只计自有资金。另一方面，现金流入又是因项目全部投资所获得，故应将借款本金的偿还及利息支付计入现金流出。

11. 试述财务评价的方法和准则，静态指标和动态指标的区别是什么？

解答依据：第四章第四节项目的财务评价。

答：财务评价方法和准则包括通过计算财务内部收益率、投资回收期、财务净现值、投资利润率、投资利税率、资本金利润率等，进行财务盈利能力评价。

投资回收期大于行业基准投资回收期的，项目在财务上不可行；财务净现值大于等于0的，项目在财务上可行；内部收益率大于等于基准收益率，项目在财务上可行；投资利润率大于等于行业平均投资利润率，项目在财务上可行；投资利税率比较，大于等于行业平均投资利税率，项目在财务上可行；资本金利润率，高于行业平均水平，项目赢利能力较好。

清偿能力主要评价指标有固定资产投资借款偿还期、资产负债率、流动比率、速动比率等。

固定资产投资借款偿还期满足贷款机构的要求期限，即认为项目有清偿能力。

区别：静态指标不考虑资金的时间价值而静态指标考虑资金的时间价值。

12. 什么是不确定性分析？不确定性分析包括哪些内容？

解答依据：第四章第四节项目的财务评价，六、不确定性分析。

答:不确定性分析是指对决策方案受到各种事前无法控制的外部因素变化与影响所进行的研究和估计。

不确定性分析包括:盈亏平衡分析、敏感性分析、概率分析。

13. 盈亏平衡分析法的原理是什么? 如何根据盈亏平衡点来判断项目的抗风险能力?

解答依据:第四章第四节项目的财务评价中六、不确定性分析。

答:盈亏平衡分析研究建设项目投产后正常年份的产量、成本、利润三者的平衡关系,以利润为零时的收益与成本的平衡为基础,测算项目的生产负荷状况,度量项目承受风险的能力。

盈亏平衡点越低,表明项目适应市场变化的能力越强,抗风险能力越大。

14. 已知年产 120 万 t 的某产品生产系统的投资额为 85 万元,用生产能力指数法估算年产 360 万 t 该产品的生产系统的投资额($n=0.5,f=1$)。若估算生产能力提高两倍的投资额,则其投资额增加的百分比是多少?

解答依据:第四章第二节投资估算的编制方法。

答:(1) $c_2 = 85 \times \left(\dfrac{360}{120}\right)^{0.5} - 1 = 146.22$(万元)

(2) $c_2 = 85 \times 2^{0.5} \times 1 = 119.21$(万元)

$$\dfrac{119.21 - 85}{85} = 40.25\%$$

15. 某建设项目设备购置费为 1 400 万元,在进行投资估算时,可利用类似工程决算的造价资料,见表 4.1。

表 4.1　类似工程决算的造价资料

费用名称	合计/万元	其中:设备费/万元	占总投资额/%
建设工程	2 652.41		43.26
设备及安装	1 878.64	1 496.33	30.65

续表

费用名称	合计/万元	其中:设备费/万元	占总投资额/%
临时工程	1 013.89		16.54
其他项目	585.8		9.56

若该拟建项目比类似工程增加的工程费用为 250 万元,目前相应于类似工程,由于时间因素引起的工程定额、价格、取费标准等变化的综合调整系数均为 1.25。试估算该拟建项目的总投资。

解答依据:第四章第二节投资估算的编制方法。

答:

$$总投资 = 1\ 400 + 1.25 \times 1\ 400 \times \left(\frac{2\ 652.41 + 1\ 878.64 + 1\ 013.89 + 585.8 - 1\ 496.33}{1\ 496.33} \right) + 250$$

$$= 7\ 070.07(万元)$$

16. 用试算插值法计算财务内部收益率时,已知 $i_1 = 15\%$, $FNPV_1 = 1\ 000$, $i_2 = 16\%$, $FNPV_2 = 500$,则 $FIRR = ?$

解答依据:第四章第四节项目的财务评价,五、项目财务评价方法。

答:

$$FIRR = 15\% + (16\% - 15\%) \times \frac{1\ 000}{1\ 000 - 500} = 17\%$$

17. 某拟建项目年经营成本估算为 14 000 万元,存货资金占用估算为 4 700 万元,全部职工人数为 1 000 人,每年工资及福利费估算为 9 600 万元,年其他费用估算为 3 500 万元,年外购原材料、燃料及动力费为 15 000 万元。各项资金的周转天数为:应收账款为 30 天,现金为 15 天,应付账款为 30 天。

试估算该建设项目的流动资金额。

解答依据:第四章第四节项目的财务评价中五、项目财务评价方法。

答:

$$应收账款 = \frac{14\,000}{30} + 4\,700 + \frac{9\,600 + 3\,500}{15} - \frac{15\,000}{30} = 5\,540(万元)$$

18. 某项目固定资产投资为 61 488 万元,流动资金为 7 266 万元,项目投产期年利润总额为 2 112 万元,正常生产期年利润总额为 8 518 万元,求正常年份的投资利润率。

解答依据:第四章第四节项目的财务评价中五、项目财务评价方法。

答:

$$\frac{8\,518}{61\,488 + 7\,266} \times 100\% = 12.39\%$$

19. 某建设项目建设期为 2 年,正常运营期为 6 年,基础数据如下:

①建设期投 1 000 万元,等比例投入,全部形成固定资产,固定资产余值回收 500 万元。

②第三年注入流动资金 200 万元,运营期末一次全部回收。

③正常生产年份的销售收入为 800 万元,经营成本为 300 万元,年总成本费用为 400 万元,销售税金及附加按 6% 的税率计算,所得税率为 33%。

④行业的基准动态回收期为 7 年,折现系数 $i_c = 10\%$。

试列出现金流量表,计算该项目的静态投资回收期、动态投资回收期、净现值和内部收益率,并对其可行性进行评述。

解答依据:第四章第四节项目的财务评价,五、项目财务评价方法。

答:

$$800 - 300 - 800 \times 6\% - (800 - 800 \times 6\% - 400) \times 33\% = 335.84(万元)$$

$$335.84 + 200 + 500 = 1035.84(万元)$$

建设项目现金流量表见表 4.2。

表 4.2　建设项目现金流量表

年　份	1	2	3	4	5	6	7	8
现金流入			335.84	335.84	335.84	335.84	335.84	1 035.84
现金流出	500	700						
净现金流量	−500	−700	335.84	335.84	335.84	335.84	335.84	1 035.84
累计净现金流量	−500	−1 200	−864.16	−528.32	−192.48	143.36	479.2	1 515.04
折现系数($i=10\%$)	0.909	0.826	0.751	0.683	0.621	0.564	0.513	0.466
折现净现金流量	−454.5	−578.2	252.21	229.38	208.56	189.41	172.28	482.70
累计净现金流量	−454.5	−1 032.7	−780.49	−551.11	−342.55	−153.14	19.14	501.84

静态投资回收期 $=6-1+\dfrac{192.48}{335.84}=5.57$（年）

动态投资回收期 $=7-1+\dfrac{153.14}{172.28}=6.89$（年）

净现值 $=501.84$（万元）

当 $i_1=11\%$ 时 $FNPV=-25.75$

故 $FIRR=10\%+(11\%-10\%)\times\dfrac{501.84}{501.84+25.75}=10.95\%$

而 $FIRR$ 大于 $i_c=10\%$ 则项目盈利能力以满足最低要求,在财务上可以考虑接受。

20. 某投资者用分期付款的方式购买一个写字楼单元用于出租经营,如果付款和收入的现金流量见表 4.3,则该项投资的净现值、内部收益率为多少? 如果贷款利率为 6%(每半年结息一次),试说明该项投资有无赢利能力,为什么?

表 4.3　某工程现金流量表　　　　　　　　　　单位:万元

年　份	1	2	3	4	5	6	7	8	9	10	11
购房投资	50	50	220								

续表

年　份	1	2	3	4	5	6	7	8	9	10	11
装修投资			20				40				40
转售收入											
净租金收入				40	40	40	50	50	50	50	50
净现金流量	−50	−50	−240	40	40	40	10	50	50	450	10

解答依据:第四章第四节项目的财务评价中五、项目财务评价方法。

答:

$$i_{实}=\left(1+\frac{6\%}{2}\right)^2-1=6.09\%$$

$$FNPV=-50\div(1+i)-50\div(1+i)^2-240\div(1+i)^3+40\div(1+i)^4+40\div(1+i)^5+40\div(1+i)^6+10\div(1+i)^7+50\div(1+i)^8+50\div(1+i)^9+450\div(1+i)^{10}+10(1+i)^{11}=118.35$$

当 $i_1=12\%$ 时 $FNPV=3.5$

当 $i_2=13\%$ 时 $FNPV=-9.4$

故 $FIRR=12\%+(13\%-12\%)\times\dfrac{3.5}{3.5+9.4}=12.27\%$

而 $FIRR$ 大于 $i_c=6.09\%$ 则项目盈利能力以满足最低要求,在财务上可以考虑接受。

21. 某建设项目建设期 2 年,生产期 8 年,项目建设投资 3 100 万元,预计全部形成固定资产。固定资产折旧年限为 8 年,按平均年限法提取折旧,残值率为 5%,在生产期末回收固定资产残值。建设项目发生的资金投入、收益及成本情况见表4.4。建设投资贷款年利率为 10%,按季计息。建设期只计利息不还款,银行要求建设单位从生产期开始的 6 年间,等额分期回收全部贷款。

假定销售税金及附加的税率为 6%,所得税率为 33%,行业基准投资收益率为 12%。试做出:

①计算各年固定资产折旧额;

②编制建设期借款还本付息表;

③编制总成本费用估算表;

④编制损益表(盈余公积金按10%的比率提取);

⑤计算项目的自有资金利润率,并对项目的财务杠杆效益加以分析。

表4.4 建设项目资金投入、收益及成本表 单位:万元

序号	项目	年份	1	2	3	4—10
1	建设投资	自有资金	980	570		
		贷款	980	570		
2	流动资金 (自有资金)				300	
3	年销售收入				3 420	4 200
4	年经营成本				2 340	2 900

解答依据:第四章第四节项目的财务评价中五、项目财务评价方法。

答:

① $\dfrac{3\ 100\times(1-5\%)}{8}=368.13(万元)$

第一年折旧额:368.13万元;

第二年折旧额:368.13万元;

第三年折旧额:368.13万元;

第四年折旧额:368.13万元;

第五年折旧额:368.13万元;

第六年折旧额:368.13万元;

第七年折旧额:368.13万元;

第八年折旧额:368.13 万元。

$$②i = \left(1 + \frac{10\%}{4}\right)^4 - 1 = 10.38\%$$

$$\frac{980+570+50.862+136.59}{6} = 289.58(万元)$$

建设期借款还本付息表见表 4.5。

表 4.5　建设期借款还本付息表

序号	年份\项目	1	2	3	4	5	6	7	8
1	年初累计借款		980	1 736.88	1 447.30	1 157.72	868.14	578.56	288.98
2	本年新增借款	980	570						
3	本年应计利息	50.862	136.59	180.29	150.23	120.17	90.11	60.05	30.00
4	本年应还本金			289.58	289.58	289.58	289.58	289.58	289.58
5	本年应还利息			180.29	150.23	120.17	90.11	60.05	30.00

③总成本费用估算表(表 4.6)。

表 4.6　总成本费用估算表

序号	年份\项目	3	4	5	6	7	8	9	10
1	经营成本	2 340	2 900	2 900	2 900	2 900	2 900	2 900	2 900
2	折旧费	368.13	368.13	368.13	368.13	368.13	368.13	368.13	368.13
3	财务费	180.29	150.23	120.17	90.11	60.05	30.00	0	0
3.1	长期借款利息	180.29	150.23	120.17	90.11	60.05	30.00	0	0
4	总成本费用	2 888.42	3 418.36	3 388.3	3 358.24	3 328.18	3 298.13	3 268.13	3 268.13

④损益表(表 4.7)。

表 4.7 损益表

序号	年 份 项 目	3	4	5	6	7	8	9	10
1	销售收入	3 420	4 200	4 200	4 200	4 200	4 200	4 200	4 200
2	总成本费用	2 888.42	3 418.36	3 388.3	3 358.24	3 328.18	3 298.13	3 268.13	3 268.13
3	销售税金及附加	205.2	252	252	252	252	252	252	252
4	利润总额	326.38	529.64	559.7	589.76	619.82	649.87	679.87	679.87
5	所得税	107.71	174.78	184.70	194.62	204.54	214.46	224.36	224.36
6	税后利润	218.67	354.86	375.00	395.14	415.28	435.41	455.51	455.51
7	盈余公积金	21.87	35.49	37.50	39.51	41.53	43.54	45.55	45.55
8	可供分配利润	196.80	319.37	337.50	355.63	373.75	391.87	409.96	409.96

⑤自有资金利润率。

年均利润=(326.38+529.64+559.7+589.76+619.82+649.87+679.87+679.87)/8

　　　　　=388.17(万元)

自有资金利润率=388.17/(980+570+300)=20.98%

财务盈利能力较好。

22. 某企业因某种产品在市场上供不应求,决定投资扩建新厂。经调查研究分析,该产品

10 年后将升级换代,目前的主要竞争对手也可能扩大生产规模,现提出 3 种扩建方案:

①大规模扩建,投资约 3 亿元。据估计,该产品销售好时,每年净现金流量为 9 000 万元;销售差时,每年的净现金流量为 3 000 万元。

②小规模扩建,投资约 1.4 亿元。据估计,该产品销售好时,每年净现金流量为 4 000 万元;销售差时,每年的净现金流量为 3 000 万元。

③先小规模扩建,3 年后,根据市场情况决定是否扩建。若再次扩建,投资约 2 亿元,其生产能力与方案①相同。

据预测,今后 10 年内,该产品销路好的概率为 0.7,差的概率为 0.3(基准投现率 $i_。=$ 10%,不考虑建设期所持续的时间)。

问题:

①画出决策树。

②试决定采用哪个方案扩建。

解答依据:第四章第四节项目的财务评价中五、项目财务评价方法。

答:

①决策树如图 4.1 所示。

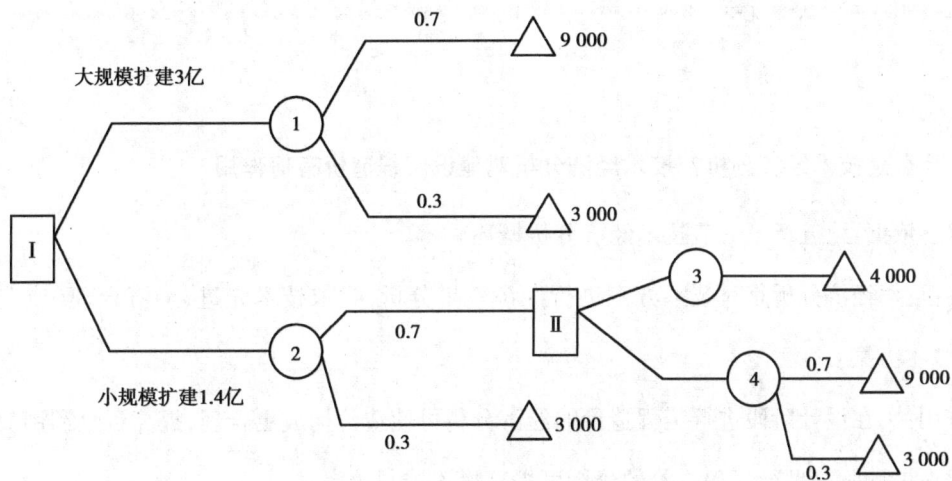

图 4.1 决策树

②点 1:$(0.7×9\,000+0.3×3\,000)×10-30\,000=42\,000$(万元)

点 4:$(0.7×9\,000+0.3×3\,000)×7-20\,000=30\,400$(万元)

点Ⅱ:由 3 点和 4 点的收益值可以看出,4 点的期望收益更大,故应采用 3 年后扩建的方案。

大规模扩建:$42\,000-30\,000=12\,000$(万元)

小规模扩建:$0.7×3×4\,000+30\,400-14\,000+0.3×3\,000×10=33\,800$(万元)

故应该选择大规模扩建。

第5章

建设工程技术经济分析

1. 什么是技术经济分析? 技术经济分析对建设工程造价有何作用?

解答依据:第五章第一节技术经济分析概述。

答:技术经济分析是对技术方案进行经济效果分析,寻求技术先进、经济合理(或费用最小)的技术方案。

作用:①在设计阶段进行工程造价的经济分析可使造价构成更合理,提高资金利用效率;

②在设计阶段进行工程造价的分析可提高投资控制效率;

③在设计阶段控制工程造价会使控制工作更主动;

④在设计阶段控制工程造价便于技术与经济相结合;

⑤在设计阶段控制工程造价效果最显著。

2. 技术经济分析的基本内容有哪些?

解答依据:第五章第一节技术经济分析概述。

答:技术经济分析的基本内容:主要对设计、施工方案进行指标评价、综合评价,运用网络进度计划等方法,应用价值工程优化设计、施工方案,对设计、施工方案进行技术经济评价,实现技术与经济的统一,达到工程造价方面对设计和施工的主动控制。

3. 全寿命周期成本的含义是什么?

解答依据:第五章第二节中一、全寿命周期成本的概念。

答:全寿命周期成本指建筑产品在整个寿命周期过程中所发生的全部费用,包括建设成本和使用成本。

4. 简述工程设计与工程造价的关系。

解答依据:第五章第二节中二、工程设计与工程造价的关系。

答:二者相互制约相互影响。工程设计是影响和控制工程造价的关键环节。初步设计形成了设计概算,确定了投资的最高限额。施工图设计完确定施工图预算,准确地计算出工程造价。设计质量、深度是否达到国家标准、功能是否满足使用要求,不仅关系到建设项目一次性投资的多少,而且影响到建成交付使用后经济效益的良好发挥。

工程造价对设计也有很大的制约作用。在市场经济条件下,工程设计是在一定经济约束条件下进行的,实行限额设计。

5. 设计方案评价的原则和内容包括哪些要点?

解答依据:第五章第三节中一、工程设计的评价方法。

答:评价原则:

①处理好经济合理性与技术先进性之间的关系;

②兼顾近期与远期的要求;

③兼顾建设与使用,考虑项目全寿命费用。

评价内容:工业建筑设计方案评价是针对总平面设计、工艺设计及建筑设计三部分进行技术经济分析与评价,以保证总设计方案经济合理。

民用建筑设计方案时评价坚持适用、经济、美观的原则进行评价。

6. 设计方案评价的技术经济指标包括哪些内容?

解答依据:第五章第三节中一、工程设计的评价方法。

答:(1)工业建筑设计

对于总平面图设计,技术经济评价指标有:建筑系数(建筑密度)、土地利用系数、工程量指标、每吨货物运输费用、经营费用等。

对于工艺设计,其技术经济评价指标有:净现值、净年值、内部收益率等。

对于建筑设计,其技术经济指标主要有:单位面积造价、建筑物周长与建筑面积比、厂房展开面积、有效面积与建筑面积比、工程寿命成本。

(2)民用建筑工程设计

对于公共建筑设计,其技术经济评价指标主要有:占地面积、建筑面积、使用面积、辅助面积、有效面积、平面系数、建筑体积、单位指标(m^2/人、m^2/床、m^2/座)、建筑密度等。

对于居住建筑设计,其技术经济评价指标主要有:平面系数、建筑周长指标、建筑体积指标、平均每户建筑面积、户型比。

对于居住小区设计,其技术经济评价指标主要有:建筑毛密度、居住建筑净密度、居住面积密度、居住建筑面积密度、人口毛密度、人口净密度、绿化比率。

7. 设计方案优选的途径有哪些?

解答依据:第五章第三节中二、工程技术经济分析的方法。

答:设计方案优选的途径有

①多指标对比法;

②多指标综合评分法;

③投资回收期法;

④计算费用法;

⑤净现值法;

⑥净年值法；

⑦差额内部收益率法；

⑧网络计划法；

⑨决策树法。

8.试述价值工程原理,运用价值工程的一般步骤是什么?

解答依据:第五章第三节中三、价值工程优化设计施工方案。

答:价值工程原理是运用集体智慧和有组织的活动,着重对产品进行功能分析,使之以较低的总成本,可靠地实现产品必要的功能,从而提高产品价值的一套科学的技术经济分析方法。

步骤：

①分析问题:选择对象、搜集资料、进行功能分析；

②综合研究:功能评价、提出改进方案；

③方案评价:评价与选择方案、试验证明、决定实施方案。

9. 什么是功能分析? 如何提高产品的价值?

解答依据:第五章第三节中三、价值工程优化设计施工方案。

答:功能分析是价值工程的核心内容,是对价值工程研究对象系统地分析其功能,科学评价其重要性,通过功能与成本匹配关系定量计算对象价值大小,确定改进对象的过程。

提高产品价值途径包括：

①功能提高,成本降低,这是最理想的途径；

②功能不变,成本降低；

③成本不变,提高功能；

④成本略提高,带来功能的大提高；

⑤功能略下降,发生的成本大大降低。

10.试述限额设计的原理。你认为保证限额设计顺利合理进行的条件有哪些?

解答依据:第五章第二节中三、限额设计。

答:限额设计就是按照批准的可行性研究报告及投资结算控制初步设计,按照批准的初步设计总概算控制技术设计和施工图设计,同时各专业在保证达到使用功能的前提下,按分配的投资限额控制设计,严格控制不合理变更,保证总投资限额不被突破。投资分解和工程量控制是限额设计的有效途径和主要方法。

保证限额设计顺利合理进行的条件:

①严格按建设程序办事;

②在投资决策阶段,要提高投资估算的准确性;

③认真对待每个设计环节及每项专业设计;

④加强设计审核;

⑤建立设计单位经济责任制;

⑥施工图设计应尽量吸收施工单位人员意见,使之符合施工要求。

11. 限额设计的工作全过程包括哪些内容?各阶段工作要点是什么?

解答依据:第五章第二节中三、限额设计。

答:①确定限额设计指标。工作要点:在初步设计开始前,由项目经理或总设计师根据批准的可行性研究报告及其投资估算编制提出工程设计的限额设计指标,经主管院长审批后下达。

②采用优化设计,确保限额设计指标的实现。工作要点:应用最优化技术和借助计算机技术,对工程设计的方案、设备选型、参数匹配、效益分析、项目可行性等方面进行最优化。

③健全和加强限额设计的经济责任。工作要点:必须建立、健全和加强经济责任制,明确设计单位及其内部各专业、科室以及设计人员的职责和经济责任。在考核各专业完成设计质量和实现限额指标好坏的基础上,实行节奖超罚制度。

12. 某桥梁工程施工,为降低施工费用,以工程材料费为对象开展价值工程活动。按桥体
结构划分为 9 个功能项目,各功能评价值用评分法获得。已知功能的目前成本见表 5.1。
按该施工单位能力估计,全工程目标成本额可控制在 232 万元。试分析各功能项目的
目标成本及其成本可能降低的幅度,并定出功能改进顺序。

表 5.1　功能评价值评分

序号	功能项目	功能评分	目前成本/万元
1	A. T 形梁:跨越墩台	28	120.0
2	B. 墩身:支撑梁体	26	87.3
3	C. 基础:传递压力	24	53.9
4	D. 梁顶防水层:保护	12	5.7
5	E. 路面:供车行走	18	9.4
6	F. 人行道:方便行人	11	3.8
7	G. 栏杆:安全	8	4.6
8	H. 排水设施:排水	10	2.0
9	I. 照明设施:照明	7	3.1
合　计		144	289.8

解答依据:第五章第三节中三、价值工程优化设计施工方案的内容。

答:产品功能评价值计算见表 5.2。

表 5.2　产品功能评价值计算表

功能项目	功能评分	功能重要性系数	重新分配成本/万元	现实成本/万元	目标成本/万元	成本降低幅度
A	28	0.194	45.008	120	45.008	74.992
B	26	0.180	41.76	87.3	41.76	45.54
C	24	0.167	38.744	53.9	38.744	15.156

续表

功能项目	功能评分	功能重要性系数	重新分配成本/万元	现实成本/万元	目标成本/万元	成本降低幅度
D	12	0.083	19.256	5.7	5.7	—
E	18	0.125	29	9.4	9.4	—
F	11	0.076	17.632	3.8	3.8	—
G	8	0.056	12.992	4.6	4.6	—
H	10	0.069	16.008	2.0	2.0	—
I	7	0.050	11.6	3.1	3.1	—
合　计	144	1	232	289.8	154.112	

功能改进顺序:A,B,C。

13. 某市对某区域进行规划,划分出商业区、风景区和学院区等区段进行分段设计招标。
其中商业区用地面积 80 000 m^2,专家组综合各界意见确定了商业区的主要评价指标,按照相对重要程度依次为:与流域景观协调一致 F1、充分利用空间增加商用面积 F2、各功能区的合理布局 F3、保护原有古建筑 F4、保护原有林木 F5。经逐层筛选后,有两个方案进入最终评审:

A 方案:建筑物单方造价 2 030 元/m^2,以用地面积计算的单位绿化造价为 1 800 元/m^2;

B 方案:建筑物单方造价 2 180 元/m^2,以用地面积计算的单位绿化造价为 1 700 元/m^2。

专家对各方案在上述 5 个评价指标的评分结果见表5.3。

表 5.3　评价指标的评分

功能名称	方案功能得分	
	A	B
F1	8	7
F2	9	10

续表

功能名称	方案功能得分	
	A	B
F3	8	8
F4	9	8
F5	8	6

①用"0—1"评分法对各指标打分,并计算权重。

②若以方案总造价作为成本比较对象,运用价值工程,按照容积率该如何选择方案?

解答依据:第五章第三节,三、价值工程优化设计施工方案。

答:①各项功能指标权重计算表(表5.4)。

表 5.4　各项功能指标权重计算表

功能指标	F1	F2	F3	F4	F5	得分	修正得分	权　重
F1	×	1	1	1	1	4	5	0.333
F2	0	×	1	1	1	3	4	0.267
F3	0	0	×	1	1	2	3	0.200
F4	0	0		×	1	1	2	0.133
F5	0	0	0	0	×	0	1	0.067
合　计						10	15	1.000

②成本系数计算表(表5.5)。

表 5.5　成本系数计算表

方案名称	造价/(元·m^{-2})	成本系数
A	2 030	0.482
B	2 180	0.518
合　计	4 210	1

③功能因素评分与功能系数计算表(表5.6)。

表5.6 功能因素评分与功能系数计算表

功能指数	权 重	方案功能得分加权平均	
		A	B
F1	0.333	$0.333 \times 8 = 2.664$	$0.333 \times 7 = 2.331$
F2	0.267	$0.267 \times 9 = 2.403$	$0.267 \times 10 = 2.670$
F3	0.200	$0.200 \times 8 = 1.600$	$0.200 \times 8 = 1.600$
F4	0.133	$0.133 \times 9 = 1.197$	$0.133 \times 8 = 1.064$
F5	0.067	$0.067 \times 8 = 0.536$	$0.067 \times 6 = 0.402$
方案加权平均总分		8.4	8.067
功能系数		0.510	0.490

④各方案价值系数计算表(表5.7)。

表5.7 各方案价值系数计算表

方案名称	功能系数	成本系数	价值系数	选 优
A	0.510	0.482	1.058	A
B	0.490	0.518	0.946	

14.某开发公司造价工程师针对设计院提出的某商住楼的 A,B,C 3 个设计方案,进行了技术经济分析和专家调查,得到表5.8 所示数据。

问题:

①计算各方案成本系数、功能系数和价值系数,计算结果保留小数点后 4 位(其中功能系数要求列出计算式),并确定最优方案。

②简述价值工程的工作阶段划分。

表 5.8　方案功能分析表

方案功能	方案功能得分			方案功能重要系数
	A	B	C	
F1	9	9	8	0.25
F2	8	10	10	0.35
F3	10	7	9	0.25
F4	9	10	9	0.1
F5	8	8	6	0.05
单方造价/(元·m^{-2})	1 325.00	1 118.00	1 226.00	

解答依据:第五章第三节中三、价值工程优化设计施工方案。

答:各方案成本系数见表5.9,功能系数见表5.10,价值系数见表5.11。

表 5.9　成本系数计算表

方案名称	造价/(元·m^{-2})	成本系数
A	1 325	0.361 1
B	1 118	0.304 7
C	1 226	0.334 2
合　计	3 669	1

表 5.10　功能系数计算表

方案功能	权　重	方　案		
		A	B	C
F1	0.25	0.25×9 = 2.250	0.25×9 = 2.250	0.25×8 = 2.000
F2	0.35	0.35×8 = 2.800	0.35×10 = 3.500	0.35×10 = 3.500
F3	0.25	0.25×10 = 2.500	0.25×7 = 1.750	0.25×9 = 2.250
F4	0.1	0.1×9 = 0.900	0.1×10 = 1.000	0.1×9 = 0.900

续表

方案功能	权重	方案		
		A	B	C
F5	0.05	0.05×8＝0.400	0.05×8＝0.400	0.05×6＝0.300
合 计	1	8.85	8.9	8.95
功能指数		0.331 5	0.333 3	0.335 2

表 5.11　价值系数计算表

方案名称	功能系数	成本系数	价值系数	选 优
A	0.331 5	0.361 1	0.918 0	
B	0.333 3	0.304 7	1.093 9	B
C	0.335 2	0.334 2	1.003 0	

15. 某沟槽长 335.1 m,底宽为 3.0 m,自然地坪标高为 45.0 m,槽底标高为 42.3 m,无地

下水,放坡系数为 1∶0.67,沟槽开端不放坡,采用挖斗容量为 0.5 m³ 的反铲挖掘机挖

土,载重量为 5 t 的自卸汽车将开挖土方量的 60% 运走,运距为 3 km,其余土方量就地

堆放。经现场测试的有关数据如下:

①假设土的松散系数为 1.2,松散状态容重为 1.65 t/m³。

②假设挖掘机的铲斗充盈系数为 1.0,每循环一次时间为 2 min,机械时间利用系数为 0.85。

③自卸汽车每一次装卸往返需 24 min,时间利用系数为 0.80。

注:"时间利用系数"仅限于计算台班产量时使用。

问题:

①该沟槽土方工程开挖量为多少?

②所选挖掘机、自卸汽车的台班产量是多少?

③所需挖掘机、自卸汽车各多少个台班?

④如果要求在 11 天内土方工程完成,至少需要多少台挖掘机和自卸汽车(设挖掘机和自卸汽车每天均工作一台班)?

解答依据:第五章第三节中二、工程技术经济分析的方法。

答:

(1)$h = 45.0 - 42.3 = 2.7(\text{m})$　　　$b = 2.7 \times 0.67 = 1.809(\text{m})$

土方开挖量 $= 335.1 \times 2.7 \times (3 + 1.809) = 4\ 351.04(\text{m}^3)$

(2)挖掘机台班产量 $= (8 \times 60/2) \times 0.85 \times 0.5 = 102(\text{m}^3/\text{台班})$

自卸汽车台班产量 $= (8 \times 60/24) \times 0.8 \times 5 = 80(t/\text{台班})$

(3)挖掘机所需台班 $= 4\ 351.04/102 = 42.66(\text{台班})$

自卸汽车所需台班 $= 4\ 351.04 \times 0.6 \times 1.2 \times 1.65/80 = 64.61(\text{台班})$

(4)挖掘机数 $= 42.66/11 = 4(\text{台})$

自卸汽车数 $= 64.61/11 = 6(\text{台})$

16. 某开发商拟开发一幢商住楼,有下述 3 种可行设计方案。

方案 A:结构方案为大柱网框架轻墙体系,采用预应力大跨度叠合楼板,墙体材料采用多孔砖及移动式可拆装工分室隔墙,窗户采用单框双玻璃钢塑窗,面积利用系数 93%,单位造价为 1 437.48 元/m²。

方案 B:结构方案同 A 墙体,采用内浇外砌、窗户采用单框双玻璃空腹钢窗,面积利用系数 87%,单位造价 1 108 元/m²。

方案 C:结构方案采用砖混结构体系,采用多孔预应力板,墙体材料采用标准黏土砖,窗户采用单玻璃空腹钢窗,面积利用系数 70.69%,单位造价 1 081.8 元/m²。

经专家论证设置了结构体系 F_1、模板类型 F_2、墙体材料 F_3、面积系数 F_4、窗户类型 F_5 5 项功能指标对各方案进行功能评价,该 5 项功能指标的重要程度为 $F_4 > F_1 > F_5 > F_2 > F_3$。方案 A,B,C 的各项功能得分见表 5.12。

表 5.12　方案功能得分表

方案功能	方案功能得分		
	A	B	C
结构体系 F1	10	10	8
模板类型 F2	10	10	9
墙体材料 F3	8	9	7
面积系数 F4	9	8	7
窗户类型 F5	9	7	8

问题：

①试用"0-1"评分法确定各项功能指标的权重。

②试计算各方案的功能系数、成本系数、价值系数,选择最优设计方案。

解答依据:第五章第三节中三、价值工程优化设计施工方案。

答：

①各项功能指标权重计算表(表 5.13)。

表 5.13　各项功能指标权重计算表

	F_1	F_2	F_3	F_4	F_5	得 分	修正得分	权 重
F_1	x	1	1	0	1	3	4	0.267
F_2	0	x	1	0	0	1	2	0.133
F_3	0	0	x	0	0	0	1	0.067
F_4	1	1	1	x	1	4	5	0.333
F_5	0	1	1	0	x	2	3	0.200
合　计						10	15	1

②成本系数计算表(表5.14)。

表5.14 成本系数计算表

方案名称	造价/(元·m⁻²)	成本系数
A	1 437.48	0.396
B	1 108	0.306
C	1 081.8	0.298
合　计	3 627.28	1

③功能因素评分与功能系数计算表(表5.15)。

表5.15 功能因素评分与功能系数计算表

功能指数	权　重	方案功能得分加权平均		
		A	B	C
F1	0.267	0.267×10 = 2.670	0.267×10 = 2.670	0.267×8 = 2.136
F2	0.133	0.133×10 = 1.330	0.133×10 = 1.330	0.133×9 = 1.197
F3	0.067	0.067×8 = 0.536	0.067×9 = 0.603	0.067×7 = 0.469
F4	0.333	0.333×9 = 2.997	0.333×8 = 2.664	0.333×7 = 2.331
F5	0.200	0.200×9 = 1.800	0.200×7 = 1.400	0.200×8 = 1.600
方案加权平均总分		9.333	8.667	7.733
功能系数		0.363	0.337	0.300

④价值系数计算表见表5.16。

表 5.16 价值系数计算表

方案名称	功能系数	成本系数	价值系数	选 优
A	0.363	0.396	0.917	
B	0.337	0.306	1.101	B
C	0.300	0.298	1.007	

17. 承包商拟对两个工程项目进行投标(总工期均为 10 年),限于自身能力,承包商只能对其中一个项目进行施工,在制订投标策略时,搜集到下列信息资料。

①第一个工程项目 A 需对 10 年期进行整体投标,第一年年初需投入费用 800 万元,该项目的中标概率为 0.6,中标后施工顺利的概率为 0.8,不顺利的概率为 0.2,顺利时年净现金流量为 250 万元,不顺利时为-20 万元。

②第二个工程项目 B 需对前 3 年和后 7 年分两个阶段投标,第二阶段投标是在第一阶段开工后一段时间再进行,据估算第一阶段中标概率为 0.7,不中标概率为 0.3。第一阶段中标后施工顺利的概率为 0.8,不顺利的概率为 0.2,年净现金流量为-20 万元,若中标(第一阶段)后施工顺利则参加第二阶段投标(中标概率为 0.9),第二阶段施工顺利的概率为 0.8,不顺利的概率为 0.2,顺利情况下年现金流量为 265 万元,不顺利情况下为 20 万元。

③第二个工程第一阶段初始需投入费用 350 万元,第二阶段初始需投入费用 450 万元。

④两种投标方式投标费用均为 5 万元。

⑤基准折现率 $i=10\%$,现值系数见表 5.17,不考虑建设期所持续的时间。

表 5.17 现值系数表

n	1	3	7	10
$(P/A,10\%,n)$	0.909	2.487	4.868	6.145
$(P/F,10\%,n)$	0.909	0.751	0.513	0.386

问题:

①绘制决策树。

②写出决策树中各结点的期望值。

③决策所采用的方案(标入剪枝符号并文字说明)。

解答依据:第五章第四节技术经济分析案例。

答:决策树如图 5.1 所示。

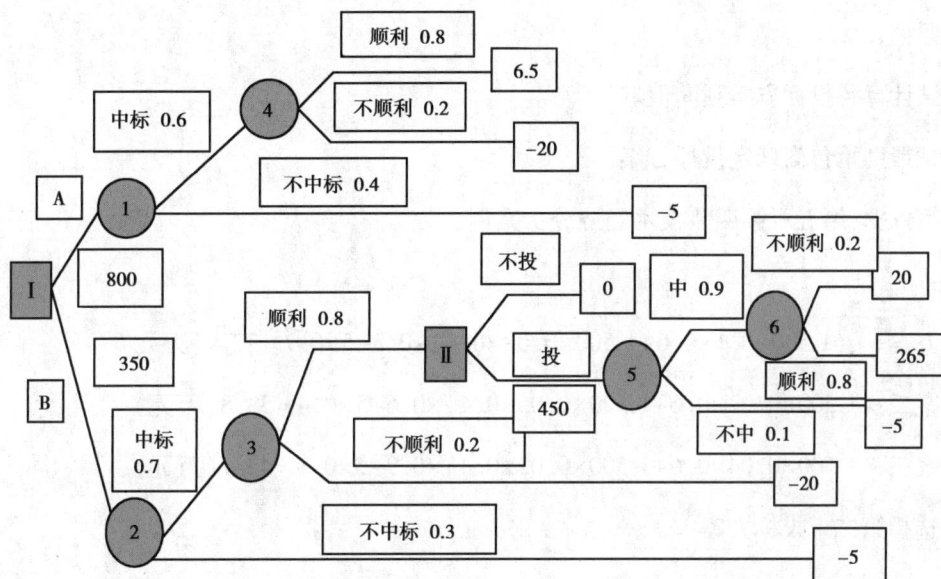

图 5.1　决策树

$E(4) = (250 \times 0.8 - 20 \times 0.2) \times 6.145 = 1\,204.42(万元)$

$E(1) = 0.6 \times 1\,204.42 - 5 \times 0.4 - 800 = -79.35(万元)$

$E(6) = (0.8 \times 265 + 0.2 \times 20) \times 4.868 = 1\,051.49(万元)$

$E(5) = 0.9 \times 1\,051.49 - 0.1 \times 5 - 450 = 495.84(万元)$

$E(\text{II}) = 495.84(万元)$

$E(3) = 495.84 \times 2.487 \times 0.8 - 20 \times 2.487 \times 0.2 - 350 = 976.58(万元)$

$E(2) = 976.58 \times 0.7 - 5 \times 0.3 - 350 = 332.11(万元)$

选择 B 项目分段投标。

18. 某承包商拟参加某工程项目施工投标。该工程招标文件已明确,该工程采用固定总价合同发包。该工程估算直接成本为 1 500 万元。承包商根据有关专家的咨询意见,认为该工程项目以 10%,7%,4% 的利润率投标的中标概率分别为 0.3,0.6,0.9。中标后如果承包效果好,能达到预期利润,其概率为 0.6;中标后如果承包效果不好,所得利润将低于预期利润 2 个百分点。该工程编制投标文件的费用为 5 万元。

问题:

①试计算各投标方案利润值。

②试帮助承包商确定投标方案。

解答依据:第五章第四节技术经济分析案例。

答:

①方案一:(1 500×0.1×0.6+1 500×0.08×0.4)×0.3-5×0.7=37.9(万元)

方案二:(1 500×0.07×0.6+1 500×0.05×0.4)×0.6-5×0.4=53.8(万元)

方案三:(1 500×0.04×0.6+1 500×0.02×0.4)×0.9-5×0.1=42.7(万元)

②选择第二个投标方案

第**6**章
建设工程计量与计价

1. 什么是工程概算？工程概算在工程造价管理过程中有何作用？

解答依据：第六章第一节中一、工程概预算的概念。

答：工程概算是指在初步设计阶段，在投资估算的控制下，由设计单位根据初步设计或扩大初步设计图纸及说明、概算定额或概算指标、综合预算定额、取费标准、设备材料预算价格等资料，编制和确定建设项目从筹建至竣工交付生产或使用所需全部费用的经济文件。

作用：

①编制建设项目投资计划、确定和控制建设项目投资的依据。

②设计概算是签订贷款合同的最高限额。

③控制施工图设计和施工图预算的依据。

④衡量设计方案技术经济合理性和选择最佳设计方案的重要依据。

⑤考核建设项目投资效果的依据。

2. 什么是工程预算？工程预算在工程造价管理过程中有何作用？

解答依据：第六章第一节中一、工程概预算的概念。

答：工程预算是指设计施工图完成后，根据设计施工图计算的工程量，考虑施工组织设计中拟定的施工方案或方法,套用现行工程预算定额(或计价定额、估价表)及工程建设费用定额、材料预算价格和工程建设主管部门规定的费用计算程序及其他取费规定等,进行计算和编制的单位工程或单项工程建设费用的经济文件。

作用:

(1)工程预算对投资方的作用

①根据施工图修正建设投资。

②根据工程预算确定招标的标底。

③根据工程预算拨付和结算工程价款。

④根据工程预算调整投资。

(2)工程预算对施工企业的作用

①根据工程预算确定投标报价。

②根据工程预算进行施工准备。

③根据工程预算拟定降低成本措施。

④根据工程预算编制施工预算。

(3)工程预算对其他方面的作用

①对于工程咨询单位而言,尽可能客观、准确地为委托方作出施工图预算,这是其水平、素质和信誉的体现。

②对于工程造价管理部门而言,它是监督、检查执行定额标准、合理确定工程造价、测算造价指数及审定招标工程标底的重要依据。

3.对比分析说明工程概算和工程预算的编制依据。

解答依据:第六章第一节中一、工程概预算的概念。

答:工程概算编制依据:

①国家发布的有关法律、法规、规章、规程等。

②批准的可行性研究报告及投资估算、设计图纸等有关资料。

③有关部门颁布的现行概算定额、概算指标、费用定额等和建设项目设计概算编制办法。

④有关部门发布的人工、设备材料价格、造价指数等。

⑤建设地区的自然、技术、经济条件等资料。

⑥有关合同、协议等。

⑦类似工程概算及技术经济指标。

⑧其他相关资料。

工程预算编制依据：

①施工图纸及说明书和有关标准图。

②施工组织设计或施工方案。

③工程量计算规则。

④现行预算定额和有关动态调价规定。

⑤工程承包经济合同或协议书。

⑥工具书和有关手册。

4. 对比分析说明工程概算和工程预算的编制内容。

解答依据：第六章第一节中一、工程概预算的概念。

答：工程概算编制内容：单位工程概算、单项工程综合概算和建设项目总概算。

工程预算编制内容：单位工程预算、单项工程预算和建设项目总预算。

5. 对比说明工程概算和工程预算的编制方法。

解答依据：第六章第三节工程概预算的编制方法。

答：工程概算编制方法为工程概算是先做单位工程概算，然后再逐级汇总成单项工程概算及建设项目总概算。单位工程概算分建筑工程概算和设备及安装工程概算两大类。建筑工程概算的编制方法包括扩大单价法、概算指标法、类似工程概算法。设备及安装工程概算的编制方法有预算单价法、扩大单价法、设备价值百分比法和综合吨位指标法等。单项工程综合概算是以其对应的建筑工程概算表和设备安装概算表为基础汇总编制的。当建设项目只有一个单项工程时,单项工程综合概算(实为总概算)还应包括工程建设其他费用、建设期贷款利息、预备费和固定资产投资方向调节税的概算。建设项目总概算是由按照主管部门规定的统一表格格式编制的,内容包括各单项工程综合概算、工程建设其他费用、建设期贷款利息、预备费、固定资产投资方向调节税和经营性项目的铺底流动资金,由各单项工程综合概算及其他工程和费用概算综合汇编而成。

工程预算编制方法:编制施工图预算最基本的过程包括两大部分,即工程量计算和定价。为统一口径,均应按统一的项目划分方法和工程量计算规则计算工程量。然后按一定的方法确定工程造价。单位工程施工图预算编制方法通常有定额计价工程预算编制和工程量清单计价法。

6. 对比说明工程概算和工程预算审查内容和审查方法。

解答依据:第六章第三节工程概预算的编制方法。

答:

(1)工程概算审查内容

①审查设计概算的编制依据的合法性、时效性、适用范围。

②审查概算、编制深度、编制范围。

③审查建设规模、标准。

④审查设备规格、数量和配置。

⑤审查工程费。

⑥审查计价指标。

⑦审查其他费用。

(2)工程预算审查内容

①审查施工图预算的编制是否符合现行国家、行业、地方政府有关法律、法规和规定要求。

②审查工程量计算的准确性、工程量计算规则与计价规范规则或定额规则的一致性。

③审查在施工图预算的编制过程中,各种计价依据使用是否恰当,各项费率计取是否正确;审查依据主要有施工图设计资料、有关定额、施工组织设计、有关造价文件规定和技术规范、规程等。

④审查各种要素市场价格选用是否合理。

⑤审查施工图预算是否超过设计概算以及进行偏差分析。

(3)工程概算审查方法

①对比分析法。

②主要问题复核法。

③查询核实法。

④利用工程量综合指标对比审核法。

⑤分类整理法。

⑥联合会审法。

(4)工程预算审查方法

可采用全面审查法、标准预算审查法、分组计算审查法、对比审查法、筛选审查法、重点审查法、分解对比审查法等。

7. 试述实物量法和单价法的异同点及其优缺点。

解答依据:第六章第三节中五、定额计价工程预算的编制。

答:

(1)相同点

实物法与单价法首尾部分的步骤是相同的,即在起初均要准备熟悉施工图纸和定额、计算工程量,在最后要计算企业管理费、利润、规费、税金等其他各项费用,汇总造价、复核、编制说明填写封面。

(2)不同点

①工程量计算后,单价法是套用预算定额单价;实物法是套用相应预算人工、材料、机械台

班定额消耗用量。

②单价法是将各分项工程量与其相应的定额单价相乘,计算人、材、机费,得到各分项工程的价值;实物法是用分项工程人工、材料、机械台班消耗数量由分项工程的工程量分别乘以预算人工、材料和机械台班定额消耗用量而得出的,然后汇总便可得出单位工程各类人工、材料和机械台班的消耗量。

③单价法是编制工料分析表,计算主材费并调整人、材、机费。实物法是用当时当地的各类人工、材料和机械台班的实际单价分别乘以相应的人工、材料和机械台班的消耗量并汇总,便得出单位工程的人工费、材料费和机械使用费。

(3)优缺点

①单价法,简化编制工作,便于进行技术经济分析。但在市场价格波动较大的情况下,用该法计算的造价可能会偏离实际水平,造成误差,虽然可采用调价,但调价系数和指数从测定到颁布又滞后且计算也较烦琐;另外由于单价法采用的地区统一的单位估价表进行计价,承包商之间竞争的并不是自身的施工、管理水平,所以单价法并不完全适应市场经济环境。

②实物法,在市场经济条件下,人工、材料和机械台班单价是随市场而变化的,而且它们是影响工程造价最活跃、最主要的因素。用实物法编制施工图预算能够较好地反映实际价格水平,工程造价的准确性高。虽然计算过程较单价法烦琐,但用计算机来计算也就快捷了。是与市场经济体制相适应的预算编制方法。

8. 什么是工程量清单? 如何编制工程量清单?

解答依据:第六章第二节工程量计算方法和工程量清单的编制。

答:工程量清单是指依据建设工程设计图纸、工程量计算规则、一定的计量单位、技术标准等计算所得的构成工程实体各分部分项的、可供编制控制价和投标报价的实物工程量的汇总清单表。表现拟建工程的分部分项工程项目、措施项目、其他项目名称和相应数量的明细清单。是由招标人按照"计价规范"附录中统一的项目编码、项目名称、计量单位和工程量计算规则进行编制。

（1）分部分项工程项目清单的编制

①必须载明项目编码、项目名称、项目特征、计量单位和工程量。

②分部分项工程项目清单必须根据各专业工程计量规范规定的项目编码、项目名称、项目特征、计量单位和工程量计算规则结合拟建工程的实际确定进行编制。

③分部分项工程量清单项目编码以五级编码设置，用十二位阿拉伯数字表示。一、二、三、四级编码为全国统一，即一至九位应按规范的规定设置；第五级即十至十二位为清单项目编码，应根据拟建工程的工程量清单项目名称设置，不得有重号，这三位清单项目编码由招标人针对招标工程项目具体编制，并应自001起顺序编制。由招标人负责前六项内容填列，金额部分在编制招标控制价或投标报价时填列。

（2）措施项目清单的编制

①措施项目清单应根据拟建工程的具体情况，参照措施项目一览表列项。

②措施项目清单的编制，应考虑多种因素，除工程本身的因素外，还涉及水文、气象、环境、安全和施工企业的实际情况等。

③编制措施项目清单，出现措施项目一览表未列项目，编制人可作补充。

（3）其他项目清单的编制

①暂列金额招标人在工程量清单中暂定并包括在合同价款中的一笔款项。用于施工合同签订时尚未确定或者不可预见的所需材料、设备、服务的采购，施工中可能发生的工程变更、合同约定调整因素出现时的工程价款调整以及发生的索赔、现场签证确认等的费用。

②暂估价包括材料暂估价、专业工程暂估价；招标人在工程量清单中提供的用于支付必然发生但暂时不能确定的材料的单价以及专业工程的金额。

③计日工在施工过程中，完成发包人提出的施工图纸以外的零星项目或工作，按合同中约定的综合单价计价。

④总承包服务费总承包人为配合协调发包人进行的工程分包自行采购的设备、材料等进行管理、服务以及施工现场管理、竣工资料汇总整理等服务所需的费用。

9. 有梁板清单工程量如何计算？

解答依据：第六章第二节工程量计算方法和工程量清单的编制。

答:有梁板包括主梁、次梁与板,按梁、板体积之和计算。

10. 如何进行工程量清单计价?

解答依据:第六章第二节工程量计算方法和工程量清单的编制。

答:

①熟悉工程量清单。

②研究招标文件。

③熟悉施工图纸。

④熟悉工程量计算规则。

⑤了解施工组织设计。

⑥熟悉加工订货的有关情况。

⑦明确主材和设备的来源情况。

⑧计算工程量。

⑨确定措施项目清单内容。

⑩计算综合单价。

⑪计算措施项目费、其他项目费、规费、税金等。

⑫工程量清单计价,将分部分项工程项目费、措施项目费、其他项目费和规费、税金汇总、合并、计算出工程造价。

11. 现浇楼梯清单工程量如何计算?

解答依据:第六章第二节工程量计算方法和工程量清单的编制。

答:按水平投影面积计算,不扣除宽度小于 500 mm 的楼梯井,伸入墙内部分不另增加。

12. 措施项目清单中包含哪些内容? 其他项目清单中包含哪些内容?

解答依据:第六章第二节工程量计算方法和工程量清单的编制。

答：

①措施项目清单包括安全文明施工费,夜间施工,非夜间施工照明,二次搬运,冬雨季施工,地上地下设施,建筑物的临时保护设施、已完工程及设备保护、脚手架工程、混凝土模板及支架(撑),垂直运输、超高施工增加,大型机械设备进出场及安拆,施工排水、降水等。

②其他项目清单包括暂列金额、暂估价、计日工、总承包服务费。

13. 室外楼梯建筑面积如何计算?

解答依据:第六章第二节工程量计算方法和工程量清单的编制。

答:并入所附自然层,按其水平投影面积的1/2计算建筑面积。

14. 某住宅建筑各层外围水平面积为 400 m², 共 6 层,二层以上每层有两个阳台,每个水平面积为 5 m²(无围护结构),建筑中间设置宽度为 300 mm 变形缝一条,缝长 10 m,则该住宅建筑面积为多少?

解答依据:第六章第二节工程量计算方法和工程量清单的编制。

答:$(400+5/2)×6=2\ 415(m^2)$

15. 某建筑外墙厚 370 mm,中心线总长 80 m,内墙厚 240 mm,净长线总长为 35 m。底层建筑面积为 600 m²,室内外高差 0.6 m。地坪厚度 100 mm,已知该建筑基础挖土量为 1 000 m³,室外设计地坪以下埋设物体体积 450 m³,则该工程的余土外运量为多少?

解答依据:第六章第二节工程量计算方法和工程量清单的编制。

答:$1\ 000-450-[(600-0.37×80-0.24×35)×(0.6-0.1)]=269(m^3)$

16. 某地面垫层厚 300 mm,外墙中心线尺寸为 20 m×10 m,墙厚 240 mm,内墙净长 50 m (其中 120 mm 墙有 15 m,其余均为 240 mm 墙),则垫层工程量为多少?

解答依据:第六章第二节工程量计算方法和工程量清单的编制。

答:$[(20+10)×2+(50-15)]×0.24×0.3+15×0.12×0.3=7.38(m^3)$

17. 列出梁上部贯通筋和箍筋长度计算公式。

解答依据：第六章第二节工程量计算方法和工程量清单的编制。

答：上部贯通筋的长度=各跨长之和-左支座内侧-右支座内侧+锚固+搭接长度

箍筋长度=2×(梁高-2×保护层+梁宽-2×保护层)+(直段长+1.9d)×2-4d

18. 简述楼地面工程中整体面层和块料面层工程量清单计算规则。

解答依据：第六章第二节工程量计算方法和工程量清单的编制。

答：整体面层按主墙间净空面积以 m^2 计算,应扣除凸出地面的构筑物、设备基础、室内管道、地沟等所占面积,不扣除柱、垛、间壁墙及面积在 $0.3\ m^2$ 的空洞所占面积,门洞、空圈、壁龛的开口部分也不增加。

19. 某工程混凝土及钢筋混凝土工程量见表6.1,试编写分部分项工程量清单表。

表6.1　混凝土及钢筋混凝土工程量表

序号	分项工程名称	单位	工程量	序号	分项工程名称	单位	工程量
1	基槽下 C15 混凝土垫层	m^3	26.2	9	构造柱 C25	m^3	3.24
2	C20 地圈梁	m^3	3.15	10	预制过梁 C20	m^3	0.625
3	独立柱基础 C30	m^3	2.65	11	预制构件钢筋	t	0.559
4	现浇矩形柱 C30	m^3	1.62	12	预应力空心板 C25	m^3	6.263
5	现浇矩形梁 C30	m^3	1.86	13	预应力钢筋	t	0.862
6	现浇雨篷 C20	m^3	1.92	14	现浇钢筋	t	2.175
7	现浇雨篷过梁 C20	m^3	0.625	15	预应力空心板安装	m^3	6.258
8	圈梁 C25	m^3	5.08	16	过梁安装	m^3	0.620

解答依据：第六章第二节工程量计算方法和工程量清单的编制。

答：

序号	项目编码	项目名称	项目特征	单位	工程量
1	010501001001	垫层	基槽下，C15 混凝土	m^3	26.2
2	010502001001	矩形柱	C30 现浇矩形柱	m^3	1.62
3	010502002001	构造柱	C25 构造柱	m^3	3.24
4	010503004001	圈梁	C20 地圈梁	m^3	3.15
5	010503004002	圈梁	C25 圈梁	m^3	5.08
6	010503002001	矩形梁	C30 现浇矩形梁	m^3	1.86
7	010501003001	独立基础	C30 独立柱基础	m^3	2.65
8	010503005001	过梁	现浇雨篷过梁 C20	m^3	0.625
9	010505008001	雨篷	现浇雨篷 C20	m^3	1.92
10	010510003001	过梁	预制过梁 C20	m^3	0.625
11	010510003002	过梁	过梁安装	m^3	0.620
12	010512002001	空心板	预应力空心板 C25	m^3	6.263
13	010512002002	空心板	预应力空心板安装	m^3	6.258
14	010515002001	预制构件钢筋	各种预制构件钢筋	t	0.559
15	010515005001	预应力钢筋	各种预应力钢筋	t	0.862
16	010515001001	现浇构件钢筋	各种现浇钢筋	t	2.175

20.某工程采用工程量清单招标,其工程量清单某章节包含下述内容：

①玻璃幕墙指定分包造价 60 万元,总包单位配合费为 5 万元。

②外围土建指定分包造价 50 万元,总包单位配合服务费为 6 万元。

③总包单位对电梯安装、市政配套工程配合服务费合计 12 万元。

④预留 150 万元作为不可预见费。

⑤总承包单位查看现场费用 0.8 万元。

⑥总包单位临时设施费 7 万元。

⑦依招标方要求,总包单位安全施工增加费 2.5 万元。

⑧总包单位环境保护费 0.5 万元。

⑨招标人要求一项额外装饰工程,该工程不能以实物量计量和定价。招标人估算需抹灰工 20 工日,计 600 元;油漆工 10 工日,计 350 元。

请根据上述资料,按工程量清单计价要求编制相应的项目清单及计价表。

解答依据:第六章第二节工程量计算方法和工程量清单的编制。

答:

施工组织措施项目清单计价表

序号	项目编码	项目名称	计算基础	费率/%	金额/元
1		安全文明施工费			100 000
1.1		安全文明施工增加费			25 000
1.2		环境保护费			5 000
1.3		临时设施费			70 000
2		查看现场费用			8 000
合　计					108 000

总承包服务费计价表

序号	项目名称	项目价值/元	计算基础	费率/%	金额/元
1	玻璃幕墙指定分包总包单位配合费				50 000
2	外围土建指定分包总包单位配合服务费				60 000
3	对电梯安装、市政配套工程配合服务费				120 000
合　计					230 000

暂列金额明细表

序号	项目名称	计量单位	暂定金额/元	备　注
1	不可预见费	项	1 500 000	
	合　计		1 500 000	

专业工程暂估价表

序号	工程名称	工程内容	暂估金额/元	备　注
1	玻璃幕墙指定分包		600 000	
2	外围土建指定分包		500 000	
	合　计		1 100 000	

计日工表

编号	项目名称	单位	暂定数量	综合单价/元	合价/元 暂定
1	人工				
1.1	抹灰工	工日	20	30	600
1.2	油漆工	工日	10	35	350
	小计		—	—	950
2	材料				
2.1					
	小计		—	—	
3	机械				
3.1					
	小计		—	—	
	合　计				950

21. 已知某引进设备吨重为 50 t,设备原价 3 000 万元人民币,每吨设备安装费指标为 8 000 元/t,同类国产设备的安装费率为 15%,则该设备安装费为多少?

解答依据:第六章第二节,工程量计算方法和工程量清单的编制。

答:设备安装费 = 50×8 000 = 400 000(元)。

22. 按表 6.2 给出资料编制某教学楼工程设计概算计算工程总造价,其中材料调差系数 1.10,材料费占定额人材机费比重为 0.6。各项费率为:措施费为定额人材机费的 8.8%,企业管理费、规费为定额人材机费的 7.12%,利润率为 7%,税率为 3.43%。

表 6.2　某教学楼工程设计概算编制数据

定额编码	工程或费用名称	单　位	工程量	单价/元	合价/元
	基础工程	10 m³	20	2 500	50 000
	墙壁工程	100 m³	50	3 300	165 000
	地面工程	100 m²	12	1 000	12 000
	楼面工程	100 m²	30	1 800	54 000
	卷材屋面	100 m²	15	4 500	675 000
	门窗工程	100 m²	10	5 600	56 000

解答依据:第六章第三节工程概预算的编制方法。

答:

定额人材机费 = 50 000+165 000+12 000+54 000+675 000+56 000 = 1 012 000(元)

材料调差 = 1 012 000×0.6×1.1 = 667 920(元)

措施费 = 1 012 000×8.8% = 89 056(元)

企业管理费、规费 = 1 012 000×7.12% = 72 054.4(元)

利润 = (1 012 000+667 920+89 056+72 054.4)×7% = 128 872.1(元)

税金 $=(1\ 012\ 000+667\ 920+89\ 056+72\ 054.4+128\ 872.1)\times3.43\%=67\ 567.66($ 元 $)$

工程总造价 $=1\ 012\ 000+667\ 920+89\ 056+72\ 054.4+128\ 872.1+67\ 567.66=2\ 037\ 470.16($ 元 $)$

23. 某建设项目的建筑工程定额人材机费为 805.886 万元,其企业管理费、规费率为 9.5%,利润率为 7.5%;而该项目安装工程定额人材机费为 788.565 万元,其中人工费为 15.021 万元,安装工程的企业管理费、规费率为 79.05%(以人工费为计算基数),利润率为 72%(以人工费为计算基数)。

试分别计算土建工程和安装工程的预算造价和该建设项目建筑安装工程总造价。

解答依据:第六章第三节工程概预算的编制方法。

答:

土建造价 $=805.886\times(1+9.5\%)\times(1+7.5\%)=948.629($ 万元 $)$

安装造价 $=788.565+15.021\times(79.05\%+72\%)=811.254($ 万元 $)$

建筑安装工程总造价 $=948.629+811.254=1\ 759.883($ 万元 $)$

24. 某市建筑工程每 $10\ m^3$ 标准砖砌体的预算定额单价为 556.13 元 $/10\ m^3$。每 $10\ m^3$ 墙砖砌体中,有关工、料、机的消耗量及市场价格,见表 6.3。

表 6.3　工、料、机的消耗量及市场价格表

项　　目	红　砖	砂　浆	水	综合工日	砂浆搅拌机	起重机
消耗量	5.22 千块	2.26 m^3	1 m^3	12.54 工日	0.39 台班	0.39 台班
市场价	61 元/千块	18.87 元/m^3	2.40 元/m^3	21.50 元/工日	11 元/台班	60.6 元/台班

若措施费率为 5.63%,企业管理费、规费率为 4.39%,利润率为 4%,税率为 3.49%。

试用单价法和实物法分别计算该市标准砖砌体 $200\ m^3$ 的预算造价,并说明单价法、实物法的区别和两种方法计算出的预算造价不同的原因。

解答依据:第六章第三节工程概预算的编制方法。

答:

（1）单价法

定额人材机费 $=200÷10×556.13=11\ 122.60$（元）

措施费 $=11\ 122.60×5.63\%=626.20$（元）

企业管理费、规费 $=(11\ 122.6+626.20)×4.39\%=515.77$（元）

利润 $=(11\ 122.6+626.20+515.77)×4\%=490.58$（元）

税金 $=(11\ 122.6+626.20+515.77+490.58)×3.49\%=445.16$（元）

工程总造价 $=11\ 122.6+626.20+515.77+490.58+445.16=13\ 200.31$（元）

（2）实物法

人工费 $=200÷10×12.54×21.50=5\ 392.20$（元）

材料费 $=200÷10×(5.22×61+2.26×18.87+1×2.4)=7\ 269.32$（元）

机械费 $=200÷10×(0.39×11+0.39×60.6)=558.48$（元）

人材机费 $=5\ 392.20+7\ 269.32+558.48=13\ 220$（元）

措施费 $=13\ 220×5.63\%=744.29$（元）

企业管理费、规费 $=(13\ 220+744.29)×4.39\%=613.03$（元）

利润 $=(13\ 220+744.29+613.03)×4\%=583.09$（元）

税金 $=(13\ 220+744.29+613.03+583.09)×3.49\%=529.10$（元）

工程总造价 $=13\ 220+744.29+613.03+583.09+529.10=15\ 689.51$（元）

两种方法计算出的预算造价不同的原因主要是:实物法采用的人材机价格是当时的。

第 7 章
工程招投标与承包合同价

1. 什么是工程招投标？工程招投标对我国建设市场的规范化有何现实意义？

解答依据:第七章第一节概述。

答:建设工程招标一般是建设单位(或业主)就拟建的工程发布信息,用法定形式吸引建设项目的承包单位参加竞争,进而通过法定程序从中选择条件优越者来完成工程建设任务的法律行为。建设工程投标一般是经过特定审查而获得投标资格的建设项目承包单位,响应招标人的要求参加投标竞争,并按照招标文件的要求,在规定的时间内向招标人填报投标书并争取中标的法律行为。

意义:工程招标制度是在市场经济的条件下,采用招投标方式实现工程承包的一种工程管理制度。工程招投标制的建立与实行是对计划经济条件下单纯运用行政办法分配建设任务的一项重大改革措施,是保护市场竞争、反对市场垄断和发展市场经济的一个重要标志,是我国建筑业和固定资产投资管理体制改革的主要内容之一,也是我国建筑市场走向规范化、完善化的重要举措之一。建设工程招投标制的推行,使计划经济条件下建设任务的发包从计划分配为主转变到以投标竞争为主。使我国发包承包方式发生了质的变化。

2.我国规定的必须招投标的项目范围包括哪些?

解答依据:第七章第一节中二、招标范围与方式。

答:强制招标范围:在我国,强制招标的范围着重于工程建设项目,而且是工程建设项目全过程的招标,包括从勘察、设计、施工、监理到设备、材料的采购。

根据《招标投标法》的规定,在中华人民共和国境内进行的下列工程项目必须进行招标:

①大型基础设施、公用事业等关系社会公共利益、公众安全的项目。

②全部或者部分使用国有资金或者国家融资的项目。

③使用国际组织或者外国政府贷款、援助资金的项目。

3.建设项目招标程序包括哪些内容? 资格预审有何意义?

解答依据:第七章第二节中三、招标程序。

答:建设项目招标程序内容:招标公告或投标邀请书→资格预审→编制和发售招标文件→勘察现场→投标答疑会→接受投标→开标、评标和定标。

资格预审意义:

①招标人可通过资格预审程序了解潜在投标人的资信情况。

②资格预审可以降低招标人的采购成本,提高招标工作的效率。

③通过资格预审,招标人可以了解到潜在的投标人对项目的招标有多大兴趣。如果潜在的投标人兴趣远低于招标人的预料,招标人可以修改招标条款,以吸引更多的投标人参加投标。

④资格预审可吸引实力雄厚的承包商或者供应商进行投标。而通过资格预审程序,不合格的承包商或者供应商便会被筛选掉。这样,真正有实力的承包商和供应商也愿意参加合格的投标人之间的竞争。

4. 国际竞争性招标程序包括资格预审和资格定审两个程序,你认为资格定审对国际流行的"最低投标价中标"的制度有何重要意义?

答:以最低价中标的工程,利润一般比较低,降低了中标人抗风险的能力,容易造成工程的失败,出现某些中标人中途放弃、进度一拖再拖,偷工减料,这样会给建设单位造成很大损失。资格定审是为确保招标人能够确定投标人在资格预审时提交的资格材料有效性和准确性,对中标人是否有能力履行合同义务进行的最终审查,减少最低价中标所带来的风险。

5. 建设工程施工招标应具备的条件和投标人应具备的条件有哪些?

解答依据:第七章第二节施工招标及标底。

答:

(1)施工招标应具备的条件

①办理了工程项目计划批文。

②招标人依法办理了招标登记。

③办妥建设工程用地手续。

④办妥建设工程规划有关手续。

⑤施工现场已基本具备"三通一平"条件,能满足施工要求。

⑥有满足施工需要的施工图纸及技术资料。

⑦建设资金已落实或部分落实(资金落实是指建设工期不足一年的,到位资金不得少于合同价的50%,建设工期超过一年的,到位资金不得少于合同价的30%)。

(2)投标人应具备的条件

①投标人应当具备承担招标项目的能力。

②招标人在招标文件中对投标人的资格条件有规定的,投标人应当符合招标文件规定的资格条件。国家对投标人的资格条件有规定的,依照其规定。

6. 什么是控制价？现行《建设工程工程量清单计价规范》对控制价的编制有何规定？

解答依据：第七章第二节中六、招标控制价的编制。

答：招标控制价是招标人根据国家或省级、行业建设主管部门颁发的有关计价依据和办法，按设计施工图纸计算的，对招标工程限定的最高工程造价，也可称其为拦标价、预算控制价或最高报价等。

招标控制价应在招标文件中公布，不应上调或下浮，招标人应将招标控制价及有关资料报送工程所在地工程造价管理机构备查。

7. 投标报价技巧有哪些？它们分别适合于何种情况？

解答依据：第七章第三节施工投标与报价。

答：投标报价的技巧及使用条件如下所述。

①不同报价法。根据招标项目的不同特点类别、施工条件等考虑自身的优势和劣势，采用不同报价。

②不平衡单价法。适用于综合单价法报价项目。在不影响总标价水平的前提下，某些项目的单价可定得比正常水平高些，而另外一些项目的单价则可比正常水平低些。

③计日工单价的报价。仅单纯报计日工单价，不计入总价中时，可以报高些；如果计日工单价要计入总报价时，则需具体分析是否报高价，以免抬高总报价。

④暂定工程量的报价。

a. 业主规定了暂定工程量的分项内容和暂定总价款，并规定所有投标人都必须在总报价中加入这笔固定金额，但由于分项工程量不很准确，允许将来按投标人所报单价和实际完成的工程量付款时。

b. 业主列出了暂定工程量的项目和数量，但并没有限制这些工程量的估价总价款，要求投标人既列出单价，也应按暂定项目的数量计算总价，当将来结算付款时可按实际完成的工程量和所报单价支付时。

c. 只有暂定工程的一笔固定总金额,将来这笔金额做什么用,由业主确定时。这种情况发生时即按招标文件要求将规定的暂定款列入总报价即可。

⑤多方案报价法。当工程说明书或合同条款有某些不够明确之处时。

⑥增加建议方案。招标文件中规定,可以提一个建议方案,即是可以修改原设计方案时。

⑦突然袭击法。投标报价中各竞争对手往往通过多种渠道和手段来刺探对手的情况,因而在报价时可以采取迷惑对手的方法。

⑧分包商报价的采用。总承包商不可能将全部工程内容完全独家包揽,特别是有些专业性较强的工程内容,须分包给其他专业工程公司施工时,以及业主规定某些工程内容必须由其指定的几家分包商承担时。

⑨无利润算标。

a. 有可能在得标后,将大部分工程分包给索价较低的一些分包商时。

b. 对于分期建设的项目,能够先以低价获得首期工程,而后赢得机会创造第二期工程中的竞争优势,并在以后的实施中赚得利润时。

c. 在较长时期内,承包商没有在建的工程项目,如果再不得标,就难以维持生存时。

8. 建设工程评标内容有哪些? 对于投标偏差中的重大偏差和细微偏差应该如何区别对待?

解答依据:第七章第五节开标、评标与中标。

答:评标包括初步评审和详细评审。初步评审包括对投标文件的符合性评审、技术性评审和商务性评审。详细评审经过初步评审合格的投标文件,评标委员会应当根据招标文件确定的评标标准和方法,对其技术部分和商务部分作进一步评审、比较。

出现重大偏差视为未能实质性响应招标文件,作废标处理。细微偏差指实质上响应招标文件要求,但在个别地方存在漏项或者提供了不完整的技术信息和资料等情况,且补正这些遗漏或不完整不会对其他投标人造成不公正的结果,细微偏差不影响投标文件的有效性。

9. 工程合同价有哪几种形式? 各有何特点和其使用范围有何不同?

解答依据:第七章第六节中二、工程合同价的确定。

答:工程合同价有:固定合同价、可调合同价和成本加酬金确定的合同价。

①固定合同价。

特点:合同中确定的工程合同价在实施期间不因价格变化而调整。

适用范围:工程规模小且工期在一年以内的工程。

固定合同价又分为固定合同总价和固定合同单价。

a. 固定合同总价。

特点:承包整个工程的合同价款总额已经确定,在工程实施中不再因物价上涨而变化。

适用范围:工期较短且对工程项目要求十分明确的项目。投标人的报价是以准确的设计图纸及计算为基础的。

b. 固定合同单价。

特点:合同中确定的各项单价在工程实施期间不因价格变化而调整,而在每月(或每阶段)工程结算时,根据实际完成的工程量结算,在工程全部完成时以竣工图的工程量最终结算工程总价款。

适用范围:工程项目内容较明确,工程量可能出入较大的项目。

②可调合同价。

特点:工程合同价在实施期间可随价格变化而调整。

适用范围:工期较长(如1年以上)的项目。

③成本加酬金确定的合同价。

特点:工程合同价中其工程成本部分按现行计价依据计算,酬金部分则按工程成本乘以通过竞争确定的费率计算。

适用范围:发包方高度信任;承包方在某些方面具有特长和经验;工程内容和技术经济指标尚不明确;发包方工期要求紧,必须进行工期发包的工程。

a. 成本加固定百分比酬金确定的合同价。

特点:发包方对承包方支付的人工、材料和施工机械使用费、其他直接费、施工管理费等按实际直接成本全部据实补偿,同时按照实际直接成本的固定百分比付给承包方一笔酬金,作为承包方的利润。

b. 成本加固定金额确定的合同价。

特点:这种合同价与上述成本加固定百分比酬金合同价相似。其不同之处仅在于发包方付给承包方的酬金是一笔固定金额的酬金。

c. 成本加奖罚确定的合同价。

特点:首先要确定一个根据粗略估算的工程量和单价表编制出来的目标成本,再根据目标成本来确定酬金的数额,可以是百分数的形式,也可以是一笔固定酬金。然后,根据工程实际成本支出情况另外确定一笔奖金,当实际成本低于目标成本时,承包方除从发包方获得实际成本、酬金补偿外,还可根据成本降低额得到一笔奖金。当实际成本高于目标成本时,承包方仅能从发包方得到成本和酬金的补偿。此外,视实际成本高出目标成本情况,若超过合同价的限额,还要处以一笔罚金。除此之外,还可设工期奖罚。

d. 最高限额成本加固定最大酬金确定的合同价。

特点:首先要确定限额成本价、报价成本价和最低成本价,当实际成本低于最低成本价时,承包方花费的成本费用及应得酬金等都可得到发包方的支付,并与发包方分享节约额。如果实际工程成本在最低成本和报价成本之间,承包方只能得到成本和酬金。如果实际工程成本在报价成本与最高限额成本之间,则只能得到全部成本。如果实际工程成本超过最高限额成本时,则超过部分发包方不予支付。

10. 设备、材料采购招标的主要方法有哪些?

解答依据:第七章第四节设备、材料采购招投标。

答:设备、材料采购招标的主要方法有公开招标、邀请招标和其他方式。

①公开招标(即国际竞争性招标、国内竞争性招标)。设备、材料采购的公开招标是由招标单位通过报刊、广播、电视等公开发表招标广告,在尽量大的范围内征集供应商。公开招标对于设备、材料采购,能够引起最大范围的竞争。设备、材料采购的公开招标一般组织方式严密,涉及环节众多,所需工作时间较长,故成本较高。因此,一些紧急需要或价值较小的设备和

材料的采购则不适宜这种方式。设备、材料采购的公开招标在国际上又称为国际竞争性招标和国内竞争性招标。我国政府和世界银行商定,凡工业项目采购金额在100万美元以上的,均需采用国际竞争性招标。

②邀请招标。设备、材料采购的邀请招标是由招标单位向具备设备、材料制造或供应能力的单位直接发出投标邀请书,并且受邀参加投标的单位不得少于3家。这种方式也称为有限国际竞争性招标,是一种不需公开刊登广告而直接邀请供应商进行国际竞争性投标的采购方法。它适用于金额不大,或所需特定货物的供应商数目有限,或需要尽早地交货等情况。

③其他方式。

a.设备、材料采购有时也通过询价方式选定设备、材料供应商。

b.在设备、材料采购时,有时也采用非竞争性采购方式——直接订购方式。

11. A、B、C 3家施工单位参加某项目投标。投标之前签订了联合投标协议,并按3家单位资质最高的A单位的资质等级作为投标资质等级。经过评标,该联合体中标。按照程序,该联合体委托A单位与招标人签订合同。请问,在以上过程,按招投标法规定有何不妥之处? 为什么?

解答依据:第七章第三节中一、施工投标概述。

答:不妥之处

①以资质最高的A单位作为联合体的投标资质等级;

②联合体委托A单位与招标人签订合同。

理由①根据招投标法规定,联合体各方均应当具备承担招标项目的相应能力,由同一专业的单位组成的联合体,按照资质等级较低的单位确定资质等级。

②联合体各方应当签订书面的共同投标协议,明确各方拟承担的工作,并将共同投标协议连同投标文件提交招标人。联合体中标的,联合体各方应当共同与招标人签订合同,不能以联合体中某一投标人的名义与招标人签订合同。

12. 某项目采用招投标方式确定施工单位。招标人按程序委托某招标代理机构编制标底。在开标过程中,发现各投标报价均与标底有相当差距。经核实,编制标底时漏算某分项工程。为防止招标失败,招标人重新确定了新的标底。投标单位中有两家对此做法不满,拒绝继续参加投标,并要求退还投标保证金。试根据我国《招标投标法》对上述过程作出评价。

解答依据:第七章第二节施工招标及标底。

答:在开标过程中,发现各投标报价均与标底有相当差距,招标人应宣布招标失败,不能重新确定新的标底。

拒绝继续参加投标,并要求退还投标保证金的要求是合理的。应退还未中标单位投标保证金。

13. 某施工单位参加某项工程投标。在编制投标报价时,按照招标方提供的工程量清单,编制人员发现基础工程所占造价比重较大;装修工程虽在报价范围之内,但有可能分标;某一施工方案较不合理,可采用更为合理的施工方案,以节约造价和缩短工期;有些工程量计算不清楚;还有一些装饰材料未明确规格。试问,编制人员可采取哪些报价技巧进行投标报价?

解答依据:第七章第二节中四、施工投标报价的编制。

答:可采用的方法有分包商报价、不平衡单价法增加建议方案。

14. 某工程采用最高限额成本加最大酬金合同。合同规定的最低成本为 2 000 万元,报价成本为 2 300 万元,最高限额成本为 2 500 万元,酬金数额为 450 万元,同时规定成本节约额合同双方各 50%,若最后乙方完成工程的实际成本为 2 450 万元,则乙方能够获得的支付款额应为多少?

解答依据:第七章第六节中二、工程合同价的确定。

答:实际成本在报价成本和最高限额成本之间,只能得到全部成本。乙方能够获得的支付款额应为 2 450 万元。

15. 某施工单位参加投标,其报价为最低合理价,除提出将固定合同价改为可调合同价的要求,其余均实质性响应招标文件要求。试问可否将该单位作为中标单位? 为什么?

解答依据:第七章第五节中二、评标。

答:不可以。将固定合同价改为可调合同价的要求属于实质性内容的改变,在评标中是不允许发生的。不应将该单位作为中标单位。

16. 选择合适的合同类型,应考虑哪些因素?

解答依据:第七章第六节中二、工程合同价的确定。

答:应考虑项目规模和工期长短;项目的竞争情况;项目的复杂程度;项目的单项工程的明确程度;项目准备时间的长短;项目的外部环境因素。

17. 某承包商面临 A,B 两项工程投标,因受本单位资源条件限制,只能选择其中一项工程投标,或者两项工程均不投标。根据过去类似工程投标的经验数据,A 工程投高标的中标概率为 0.3,投低标的中标概率为 0.6,编制投标文件的费用为 3 万元;B 工程投高标的中标概率为 0.4,投低标的中标概率为 0.7,编制投标文件的费用为 2 万元。

各方案承包的效果、概率及损益情况见表 7.1。

表 7.1　效果、概率及损益情况表

方　案	效　果	概　率	损益值/万元
A 高	好	0.3	150
	中	0.5	100
	差	0.2	50

续表

方　案	效　果	概　率	损益值/万元
A 低	好	0.2	110
	中	0.7	60
	差	0.1	0
B 高	好	0.4	110
	中	0.5	70
	差	0.1	30
B 低	好	0.2	73
	中	0.5	30
	差	0.3	−10
不投标			

试运用决策树法进行投标决策。

答：$E(7) = 150×0.3+100×0.5+50×0.2 = 105($万元$)$

$E(3) = 105×0.3-3×0.7 = 29.4($万元$)$

$E(8) = 110×0.2+60×0.7 = 64($万元$)$

$E(4) = 64×0.6-3×0.4 = 37.2($万元$)$

$E(9) = 110×0.4+70×0.5+30×0.1 = 82($万元$)$

$E(5) = 82×0.4-2×0.6 = 31.6($万元$)$

$E(10) = 73×0.2+30×0.5-10×0.3 = 26.6($万元$)$

$E(6) = 26.6×0.7-2×0.3 = 18.02($万元$)$

应该对 A 工程投低标。

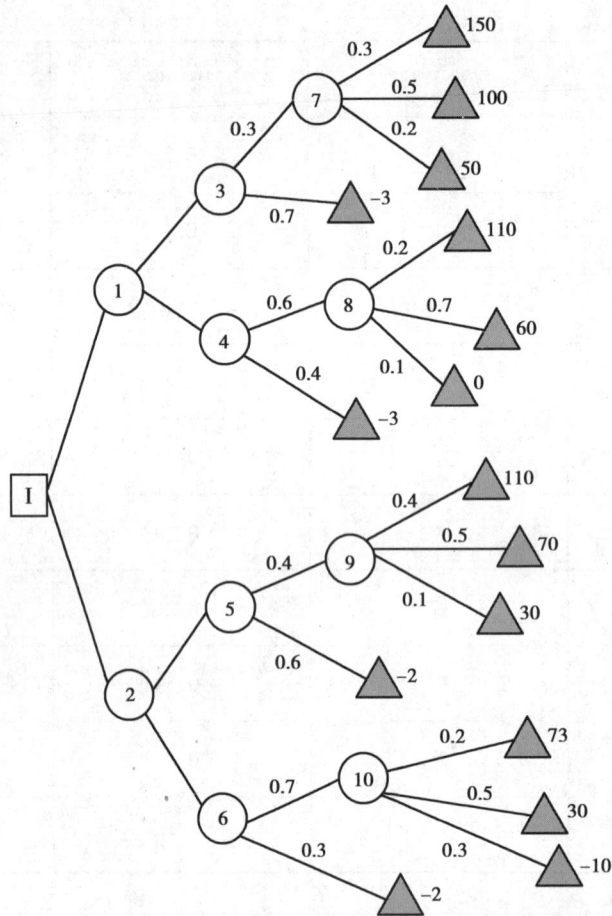

18. 某大型工程,由于技术难度大,对施工单位的施工设备和同类工程施工经验要求高,而且对工期的要求也比较紧迫。业主在对有关单位和在建工程考察的基础上,仅邀请了3家国有一级施工企业参加投标,并预先与咨询单位和这3家施工单位共同研究确定了施工方案。业主要求投标单位将技术标和商务标分别装订报送。经招标领导小组研究确定的评标规定如下:

①技术标共30分。其中,施工方案10分(因已确定施工方案,各投标单位均得10分)、施工总工期10分、工程质量10分。满足业主总工期要求(36个月)者得4分,每提前1个月加1分,不满足者不得分。自报工程质量合格者得4分,自报工程质量优良者得6分(若实际工程质量未达到优良将扣罚合同价的2%),近3年内获"鲁班奖"加2分,获省优工程奖每项加

1 分。

②商务标共 70 分。报价不超过标底(35 500 万元)的±5% 者为有效标,超过者为废标。报价为标底的 98% 者得满分(70 分),在此基础上,报价比标底每下降 1%,扣 1 分,每上升 1%,扣 2 分(计分按四舍五入取整)。

各投标单位的有关情况见表 7.2。

表 7.2　各投标单位的有关情况表

投标单位	报价/万元	工期/月	报工程质量	鲁班工程奖	省优工程奖
A	35 642	33	优良	1	1
B	34 364	31	优良	0	2
C	33 867	32	合格	0	1

问题:

①该工程采用邀请招标方式且仅邀请 3 家施工单位投标,是否违反有关规定?为什么?

②请按综合评标得分最高者中标的原则确定中标单位。

③若改变该工程评标的有关规定,将技术标增加到 40 分,其中施工方案 20 分(各投标单位均得 20 分),商务标减少为 60 分,是否会影响评标结果,为什么?若影响,应由哪家施工单位中标?

解答依据:第七章第七节评选中标单位案例分析。

答:

①由于该工程技术难度大,对施工单位的施工设备和同类工程施工经验要求高,而且对工期的要求也比较紧迫,可以申请邀请招标。

②技术标:A = 10+4+3+6+2+1 = 26(分)

　　　　　B = 10+4+5+6+0+2 = 27(分)

　　　　　C = 10+4+4+4+0+1 = 23(分)

商务标:　35 500×0.95 = 33 725(万元)

　　　　　35 500×1.05 = 35 501.05(万元)

报价有效范围:33 725 万 ~ 35 501.05(万元)

满分报价:35 500×0.98＝34 790(万元)

A:0

$$B:70-\frac{34\ 790-34\ 364}{34\ 790}\times100\%=69(分)$$

$$C:70-\frac{34\ 790-33\ 867}{34\ 790}\times100\%=67(分)$$

综合得分:

A:26(分)

B:27+69＝96(分)

C:23+67＝90(分)

确定 B 单位为中标单位。

③不会。

19.**某单位为了既能中标又能取得较好的收益,决定采用不平衡报价法对原报价调整,见表7.3。**

表7.3 报价调整表

项目名称	基础工程	主体工程	装饰安装工程	总价/万元
调整前	1 250	6 500	7 150	14 900
调整后	1 480	7 300	6 120	14 900

若基础工程、主体结构和装饰安装工程工期分别为 4 个月、12 个月、8 个月,贷款年利率为 10%,并假定能按时完工,按月如期收到工程款,且各分部工程每月完工量均相等。试评价该不平衡报价法运用是否得当,并从资金的时间价值角度解释。

解答依据:第七章第七节评选中标单位案例分析。

答:

$$i_c = \frac{10\%}{12} \times 100\% = 0.83\%$$

调整前：$P = \dfrac{1\,250}{4} \times (P/A, 0.83\%, 4) + \dfrac{6\,500}{12} \times (P/A, 0.83\%, 12) \times (P/F, 0.83\%, 4) + \dfrac{7\,150}{8} \times$

$(P/A, 0.83\%, 8) \times (P/F, 0.83\%, 16) = 19\,332.11(万元)$

调整后：$P = \dfrac{1\,480}{4} \times (P/A, 0.83\%, 4) + \dfrac{7\,300}{12} \times (P/A, 0.83\%, 12) \times (P/F, 0.83\%, 4) + \dfrac{6\,120}{8} \times$

$(P/A, 0.83\%, 8) \times (P/F, 0.83\%, 16) = 18\,546.26(万元)$

不平衡报价运用的不当。

第 **8** 章

工程变更、索赔、价款结算与控制

1.建设实施阶段是一个动态变化过程,请简要叙述该过程中各参与主体及其作用。

答:建设实施阶段的参与主体主要包括建设单位、施工单位、监理单位、设计单位、勘察单位。

①建设单位。监督,确保工程质量、造价、工期按合同实施。管理好监理工程师确保其切实履行职责。严格要求施工单位按设计图纸和技术规范施工,严格控制更改设计,严格控制工期节点。做好组织协调工作。

②施工单位。组建一支以优秀项目经理为首的、业务水平较高的、责任心较强的管理层,选择一个熟练的、综合素质较高的作业层进行施工管理和施工作业。项目经理部除了要建立健全质量管理体系、制定质量管理体系文件外,还要积极推行全面质量管理,严格执行"培训上岗""技术交底""材料检验""样板引路""操作挂牌""过程三检""文件记录""成品保护""等级评定""服务承诺"以及质量一票否决和质量事故处理"三不放过"的原则。推广应用新技术,提高施工的机械化程度。加大安全管理投入,按章办事,重在落实,确保安全文明施工。

③监理单位。监理工程师在对工程的"三大目标控制",即质量控制、进度控制、投资控制中做到"守法、诚信、公正、科学",认真履行合同赋予的权利义务,做好合同管理及信息管理,正确协调有关建设各方的关系。建立问题责任制度,严格审查验收工程,特别是隐蔽工程,定

期举行例会,解决施工中遇到的问题。

④设计单位。处理在工程项目施工过程中设计图纸与实际情况不符的问题,以及应业主的要求进行设计变更。派一个专职人员服务在现场,负责各专业的衔接并组织协调,正确快速地处理施工中遇到的各种问题,不能因此而造成窝工、返工现象。

⑤勘察单位。勘察单位必须建立健全质量管理体系,提供真实、准确的地质、测量、水文等勘察成果。

2. 建设实施过程中工程造价管理的内容及其任务是什么? 请参阅相关知识,试述该过程中各参与主体在工程造价管理中的作用以及各主体应如何处理以防止成本失控。

答:①建设实施过程中造价管理的内容:工程造价人员根据现行的法律、法规和有关规定等,运用科学的造价计算方法,合理有效地控制项目的施工图预算价、合同承包价、工程结算价等。

②建设实施过程中造价管理的任务:把工程造价控制在承包合同价或者施工图预算内,并力求在规定的工期内生产出质量好、造价低的建筑产品。

③各参与主体在工程造价管理中的作用及其造价管控。

a. 施工单位:在注意施工合同及工程竣工结算的同时,应立足现场管理,细化施工管理,控制预算外费用支出。强化过程控制,寻找施工进度、施工质量和资金的最佳结合点,规范过程签证行为,增强索赔意识,不断探索降低成本的途径,积累经验,提高企业施工阶段的过程造价管理水平,使企业获得满意的经济和社会效益。

b. 建设单位:控制材料用量,合理确定材料价格。建设单位预算人员及现场管理人员应密切注意市场行情,随着工程进展情况深入现场、市场,掌握第一手施工情况及材料信息,为竣工决算提供有力的依据。严把变更关,将工程预算控制在概算内。

实行"分级控制、限额签证"的制度,严格现场签证管理,掌握工程造价变化。建设单位应指派工程造价管理专业人员常驻施工现场,随时掌握、控制工程造价的变化情况。

要加强现场施工管理,督促施工方按图施工,严格控制变更洽商、材料代用、现场签证、额外用工及各种预算外费用,对必要的变更,应做到先算账,后花钱,变更一旦发生就及时计算,随时掌握项目费用额度,避免事情积压成堆,对工程造价心中无数。

建设单位的现场代表要督促施工方作好各种记录,特别是隐蔽工程记录和签证工作,减少结算时的扯皮现象。技术与经济结合,加强投资控制。

施工中遇到问题应及时与设计方联系,选择既科学又经济可行的解决方案,克服盲目指挥造成的浪费,充分重视节约投资的重要性,特别是负责项目的工程技术员应与经济人员相配合,从工程招标、合同谈判、造价预算、签付进度款到竣工决算、造价分析等,实行全过程管理,严格控制工程造价。

在工程竣工决算时,建设单位的审核人员应坚持按合同办事,对工程预算外的费用严格控制,对于未按图纸要求完成的工作量及未按规定执行的施工签证一律核减费用;凡合同条款明确包含的费用,属于风险费包含的费用,未按合同条款履行的违约等一律核减费用,严格把好审核关。

c.监理单位:主要在工程量签证、进度款支付、设计变更洽谈这3个方面进行成本造价的控制。监理工程师应认真核实施工单位所报月度完成工程量,按照建设单位与施工单位签订的承包合同规定的工程付款方式,仔细核实完成工程量,签发付款凭证。对超出承包合同之处的设计修改、工地洽商由施工单位做出预算,监理单位根据建设单位委托审查预算。

3. 工程变更产生的原因有哪些? 应如何加强控制,减少工程变更?

答:主观原因:如勘察设计工作粗糙,以至于在施工过程中发现许多招标文件中没有考虑或估算不准确的工程量,因而不得不改变施工项目或增减工程量。以及业主方的主观要求进行工程变更。

客观原因:如发生不可预见的事件,或由于自然或社会原因引起停工和工期拖延等,致使工程变更不可避免。

减少变更的措施包括如下内容。

（1）加强工程建设前期管理

项目立项时，应科学编制可行性研究报告及投资估算，确保估算符合实际要求。同时加强可行性研究报告的审查力度和贯彻执行力度，确保经批准的投资估算真正起到控制工程变更和总投资的作用。

（2）勘测设计力求详尽准确

设计质量对于控制工程变更起到很大的作用。变更量的大小是设计质量好坏的必然反映，要保证设计质量，就要求设计人员和业主紧密配合，考虑全面，结构设计合理，计算精确。严格按照批准的设计标准、范围、内容和投资估算进行精心设计，防止随意改变方案、提高标准等重大设计变更。加强设计审查，设计图纸一经审核通过就不得擅自更改，其变更应严格遵守报批审查制度，以减少不合理变更对投资效益的影响。

（3）预测变更，早做准备，项目决策之后，对非发生不可的工程变更应尽量提前进行

变更发生得越早，损失就越小。如果在设计阶段变更，则只需修改图纸，其他费用尚未发生，损失有限；如果在施工阶段变更，已施工的工程还须拆除，容易造成重大变更损失。因此提前和及时做好变更处理，可减少工程施工中的延误和损失。

（4）规范审批程序，加强变更设计的控制措施

首先实行分级管理，即将变更设计进行分类，以加快变更设计的审批速度，发挥各级管理人员的积极性及管理的灵活性。分级管理的划分可按照技术难易、重要性及投资规模的增减为主要依据，每类变更根据其性质划分为完善、优化、修改、新增进行审批，并应形成相互制约的管理机制。在项目建设过程中可以制订在具体的工程变更管理办法中将工程变更根据金额进行分级，对一般工程变更、重要工程变更由总监代表处初审，业主审核批复；重大工程变更由总监代表处初审，业主组织项目专家组复核，上级交通主管部门终审批复。对由承包商提出的变更要遵循一定的审批程序，而且不同等级的工程变更，有不同的审批程序。通过强调优化设计、施工管理和严格的工程变更审批程序，可以使项目在工程施工中三类变更数量和金额都控制在较好的状态。

（5）加强施工阶段管理

首先,应重视工程施工前的图纸会审,通过会审使设计更加明确完善,尽量将设计中存在的问题在施工前解决,避免变更而追加投资。

其次,监理人员应提高控制工程变更的管理意识。为了有效控制工程投资,任何一方提出的工程变更均需由监理工程师加以确认并签发变更指令。因此监理工程师对于影响投资和进度的工程变更或签证更要慎重对待,如确需变更应会同相关人员作多方案比较分析,选择最优变更方案,全面履行其在投资控制中的权利和义务。

最后,严格控制施工条件变更。施工条件的变更往往很复杂,需要特别重视,否则会引起较大索赔发生。施工条件的变更是由施工中实际遇到的现场条件同招投标文件中描述的现场条件有本质的差异引起的,可通过提高勘察质量和加强招投标时的现场考查来减少此类变更。

4. 工程索赔产生的原因有哪些? 索赔应遵循什么样的程序? 索赔的证据有哪些?

解答依据:第八章第二节中一、索赔的概念及处理原则。

答:索赔产生的原因:

①当事人违约;

②不可抗力事件;

③合同缺陷;

④合同变更;

⑤工程师指令;

⑥与工程有关的第三方的问题。

索赔应遵循的程序如下所述。

（1）《建设工程施工合同文本》规定的工程索赔程序

①索赔事件发生 28 天内,承包人应向工程师发出索赔意向通知。逾期申报时,工程师有权拒绝承包人的索赔要求。

②发出索赔意向通知后 28 天内,承包人应向工程师提出补偿经济损失和（或）延长工期

的索赔报告及有关资料。

③工程师在收到承包人送交的索赔报告和有关资料后,应于28天内给予答复,或要求承包人进一步补充索赔理由和证据。工程师在28天内未予答复或未对承包人作进一步要求,视为该项索赔已经认可。

④当该索赔事件持续进行时,承包人应当阶段性向工程师发出索赔意向,并在索赔事件终了后28天内,向工程师提供索赔的有关资料和最终索赔报告。

⑤工程师与承包人谈判。双方各自依据对这一事件的处理方案进行友好协商,若能通过谈判达成一致意见,则该事件较容易解决。如果双方对该事件的责任、索赔款额或工期展延天数分歧较大,通过谈判达不成共识的话,按照条款规定,工程师有权确定一个其认为合理的决定作为最终的处理意见报送业主并通知相应承包人。

⑥发包人审批工程师的索赔处理证明。

⑦承包人是否接受最终的索赔决定。承包人同意了最终的索赔决定,这一索赔事件即告结束。若承包人不接受决定可通过谈判和协调方式解决,如果双方不能达成谅解则可申请仲裁或者提起诉讼。

承包人未能按合同约定履行自己的各项义务和发生错误而给发包人造成损失的,发包人也可按上述时限向承包人提出索赔。

(2)FIDIC合同条件规定的工程索赔程序

①承包商发出索赔通知。该通知应当在承包商察觉或者应当察觉该事件或情况后28天内发出。

②承包商未及时发出索赔通知的后果。如果承包商未能在上述28天期限内发出索赔通知,则竣工时间不得延长,承包商无权获得追加付款,而业主应免除有关该索赔的全部责任。

③承包商递交详细的索赔报告。在承包商察觉或者应当察觉该事件或情况后42天内,或在承包商建议并经工程师认可的其他期限内,承包商应当向工程师递交一份充分详细的索赔报告。

④在索赔的事件或者情况产生影响结束后28天内,或在承包商可能建议并经工程师认可

的其他期限内,递交一份最终索赔报告。

⑤工程师的答复。工程师在收到索赔报告或对过去索赔的任何进一步证明资料后的42天内,或在工程师可能建议并经承包商认可的其他期限内作出回应,表示批准、或不批准、或不批准并附具体意见。

索赔的证据如下所述。

①招标文件、工程合同及附件、业主认可的施工组织设计、工程图纸、技术规范等。

②工程各项有关的设计交底记录、变更图纸、变更施工指令等。

③工程各项经业主或工程师签认的签证。

④工程各项往来信件、指令、信函、通知、答复等。

⑤工程各项会议纪要。

⑥施工计划及现场实施情况记录。

⑦施工日报及工长工作日志、备忘录。

⑧工程送电、送水、道路开通、封闭的日期及数量记录。

⑨工程停电、停水和干扰事件影响的日期及恢复施工的日期。

⑩工程预付款、进度款拨付的数额及日期记录。

⑪工程图纸、图纸变更、交底记录的送达份数及日期记录。

⑫工程有关施工部门的照片及录像等。

⑬工程现场气候记录,如有关天气的温度、风力、雨雪等。

⑭工程验收报告及各项技术鉴定报告等。

⑮工程材料采购、订货、运输、进场、验收、使用等方面的凭据。

⑯工程会计核算资料。

⑰国家、省、市有关影响工程造价、工期的文件、规定等。

5. 在论述索赔合同分类时,谈到了合同索赔和非合同索赔。一个有经验的工作者能够利用自己的合同知识将非合同规定的索赔解释,识别为合同规定的索赔,从而使索赔易于成功。请你对照两个不同的合同条件,举出 1~2 个这样的例子。

解答依据:第八章第二节中二、索赔的分类。

答:如教材例8.2.1,合同规定提供三级路面标准的现场道路。实际施工时,承包人只能在路面为块石的垫层上行驶,造成轮胎磨损严重。虽然,合同无专门条款,但可以推论出承包人有索赔权。

6. 在什么样的条件下,索赔才会成立? 工程师应如何对工期延误和费用增加的索赔进行确认?

解答依据:第八章第二节中一、索赔的概念及处理原则。

答:索赔成立的的条件:

①承包商实际中发生了损失;

②损失不是施工单位应该承担的风险;

③损失不是由施工单位造成的;

④承包商在有效的时间内向监理工程师发出索赔意向。

索赔确认:确认承包商是否具备索赔的权利,承包商所递交的索赔报告及其证据的真实完整可靠性,索赔内容中费用的取值计算方式是否合理,工期补偿的时间是否合理,必要时进行现场的调查取证,如果索赔的额度和工期时间都超出了监理工程师的授权范围,还应该报建设单位审批。

7. 某工程基础地板设计厚度为2.5 m,施工单位做了2.6 m,试问多做的工程量在工程价款计算中应如何处理?

解答依据:第八章第二节中五、索赔费用的组成和索赔计算。

答:若是施工单位多做的厚度是应设计单位或建设单位的要求而做,并保有相关的证据,提出相应索赔的,则多做的工程量应该计入工程价款;若是由于承包商自身的原因导致基础地板多做,则多做的工程量不计入工程价款。

8. 费用索赔的组成因素有哪些? 说明如何在实际情况中确认这些索赔因素。

解答依据:第八章第二节中五、索赔费用的组成和索赔计算。

答:费用索赔的组成因素及其确认:

①人工费。索赔费用中的人工费是指完成合同之外的额外工作所花费的人工费用;由于

非承包商责任的工效降低所增加的人工费用;超过法定工作时间加班劳动;法定人工费增长以及非承包商责任工程延期导致的人员窝工费和工资上涨费等。

②材料费。材料费的索赔包括:由于索赔事项材料实际用量超过计划用量而增加的材料费;由于客观原因材料价格大幅度上涨;由于非承包商责任工程延期导致的材料价格上涨和超期储存费用。材料费中应包括运输费、仓储费,以及合理的损耗费用。如果由于承包商管理不善,造成材料损坏失效,则不能列入索赔计价。

③施工机械使用费。施工机械使用费的索赔包括:由于完成额外工作增加的机械使用费;非承包商责任工效降低增加的机械使用费;由于业主或监理工程师原因导致机械停工的窝工费。窝工费的计算,如系租赁设备,一般按实际租金和调进调出费的分摊计算;如系承包商自有设备,一般按台班折旧费计算,而不能按台班费计算,因台班费中包括了设备使用费。

④分包费用。分包费用索赔是指分包商的索赔费,一般也包括人工、材料、机械使用费的索赔。分包商的索赔应如数列入总承包商的索赔款总额以内。

⑤现场管理费。索赔款中的现场管理费是指承包商完成额外工程、索赔事项工作以及工期延长期间的现场管理费,包括管理人员工资、办公、通信、交通费等。

⑥利息。在索赔款额的计算中,经常包括利息。利息的索赔通常在下列情况中发生:拖期付款的利息、错误扣款的利息。

⑦总部(企业)管理费。索赔款中的总部管理费主要指的是工程延期期间所增加的管理费。包括总部职工工资、办公大楼、办公用品、财务管理、通信设施以及总部领导人员赴工地检查指导工作等开支。

⑧利润。一般来讲,由于工程范围的变更、文件有缺陷或技术性错误、业主未能提供现场等引起的索赔,承包商可以列入利润。但对于工程暂停的索赔,由于利润通常是包括在各项实施工程内容的价格之内的,而延长工期并未影响削减某些项目的实施,也未导致利润减少。

9. **工程结算方式有哪几种? 若某工程预计工期 4 个月,合同价款为 90 万元,该如何确定合理的工程结算方式?**

解答依据:第八章第三节中一、我国建筑安装工程价款结算。

答:(1)工程结算的方式包括

①按月结算;

112

②竣工后一次结算;

③分段结算;

④目标结算方式;

⑤结算双方约定的其他结算方式。

(2)可以采用竣工后一次结算

10. 工程进度款包括哪些内容? 工程师如何正确确定工程进度款?

解答依据:第八章第三节中一、我国建筑安装工程价款结算。

答:工程进度款包括预付款的扣回、进度款计算、变更价款的确定、索赔价款的确定和进度款的支付。

工程师按照合同规定和工程实际进度进行进度款计算。

11. 简述工程价款结算价差调整的方法。

解答依据:第八章第三节中一、我国建筑安装工程价款结算。

答:工程价款结算价差调整方法如下所述。

①工程造价指数调整法。该方法是甲乙双方采取当时的预算(或概算)定额单价计算出承包合同价,待竣工时,根据合理的工期及当时工程造价管理部门所公布的该月度(或季度)的工程造价指数,对原承包合同价予以调整,重点调整那些由于实际人工费、材料费、施工机械费等费用上涨及工程变更因素造成的价差,并对承包商给予调价补偿。

②实际价格调整法。对钢材、木材、水泥三大材的价格采取按实际价格结算的办法。工程承包商可凭发票按实报销。

③调价文件计算法。该方法是甲乙双方采取按当时的预算价格承包,在合同工期内,按照造价管理部门调价文件的规定,进行抽料补差(在同一价格期内按所完成的材料用量乘以价差)。也有的地方定期发布主要材料供应价格和管理价格,对这一时期的工程进行抽料补差。

④调值公式法。甲乙双方在签订合同时就明确列出调值公式,并以此作为价差调整的计算依据。

12. 某土建工程按月结算,结算款总额为 750 万元,主要材料和结构构件金额占工程费用的 60%,预付款占工程价款的 20%,则预付款回扣点为多少?

解答依据:第八章第三节中一、我国建筑安装工程价款结算。

答:预付款回扣点 $=750-\dfrac{750\times20\%}{60\%}=500$(万元)

13. 某工程原合同规定分两阶段施工,土建工程 21 个月,安装工程 12 个月。假定以劳动力需要量为相对单位,则土建工程可折合为 350 个相对单位,安装工程折算为 120 个相对单位。合同规定,在工程量增减 10% 的范围内,作为承包商的工期风险,不能要求工期补偿。在工程施工中,实际土建工程量增加到 480 个相对单位,实际安装工程量增加到 180 个相对单位。试计算应索赔的工期。

解答依据:第八章第三节,一、我国建筑安装工程价款结算。

答:土建:$350\times(1+10\%)=385$,$480-385=95$

安装:$120\times(1+10\%)=132$,$180-132=48$

索赔工期:$95\times\dfrac{21}{385}+48\times\dfrac{12}{132}=9.55$(月)

14. 某土建工程 2003 年计划年产值为 1 600 万元,材料及结构构件金额比重为年产值的 60%,预付备料款占年产值 25%,1—4 季度完成产值分别为 300 万元,400 万元,500 万元,400 万元,该工程每季度结算款是多少?

解答依据:第八章第三节中一、我国建筑安装工程价款结算。

答:预付款回扣点:$1\ 600-\dfrac{1\ 600\times25\%}{60\%}=933$(万元)

第一季度结算款:300 万元。

第二季度结算款:400 万元。

第三季度结算款:$500-(300+400+500)\times25\%=200$(万元)

第四季度结算款:400−400×25% =300(万元)

15. 某土方工程发包方提出的估计工程量为 1 500 m³,合同中规定土方工程单价为 18 元/m³,实际工程量超过估计工程量 10% 时,调整单价且单价调整为 16 元/m³。结算时实际完成土方工程量为 1 800 m³,则土方工程结算款应为多少?

解答依据:第八章第三节中一、我国建筑安装工程价款结算。

答:1 500×1.1 =1 650 m³ <1 800 m³

工程结算款 =1 650×18+(1 800−1 650)×16 =32 100(万元)

16. 某工程合同价款为 1 000 万元,2003 年 1 月签订合同并开工,2003 年 10 月竣工。2003 年 1 月的造价指数为 100.02,2003 年 10 月的造价指数为 100.27,则该工程价差调整额应为多少?

解答依据:第八章第三节中一、我国建筑安装工程价款结算。

答:$1\ 000×\dfrac{100.27}{100.02}−1\ 000 =2.5$(万元)

17. 上海某土建工程,合同规定结算款为 500 万元,合同原始报价日期为 2004 年 5 月,工程于 2005 年 8 月建成交付使用。根据表 8.1 所列工程人工、材料费构成比例以及有关造价指数,计算工程实际结算款。

表 8.1　人工、材料费构成比例以及有关造价指数表

项　目	人工费	钢筋	水泥	集料	砌体	砂	木材	调值费用
比例/%	45	11	11	5	5	4	4	15
2004 年 5 月指数	100	100.8	102.0	93.6	100.2	95.4	93.4	—
2005 年 8 月指数	110.1	98.0	112.9	95.9	98.9	91.1	117.9	

解答依据:第八章第三节,一、我国建筑安装工程价款结算。

答:

$$500 \times \left(0.15 + 0.45 \times \frac{110.1}{100} + 0.11 \times \frac{98}{100.8} + 0.11 \times \frac{112.9}{102} + 0.05 \times \frac{95.9}{93.6} + 0.05 \times \frac{98.9}{100.2} + 0.04 \times \right.$$

$$\left. \frac{91.1}{95.4} + 0.04 \times \frac{117.9}{93.4}\right) = 545(万元)$$

18. 某工程项目采用调值公式结算,其合同价款为 18 000 万元。该工程的人工费和材料费占工程合同价款的 85%,不调值费用 15%。经测算,具体的调值公式为:

$$p = p_0 \left(0.15 + 0.45 \frac{A}{A_0} + 0.11 \frac{B}{B_0} + 0.11 \frac{C}{C_0} + 0.05 \frac{D}{D_0} + 0.05 \frac{E}{E_0} + 0.02 \frac{F}{F_0} + 0.04 \frac{G}{G_0} + 0.02 \frac{H}{H_0}\right)$$

该合同的原始签约时间为 2004 年 6 月 1 日。2005 年 6 月完成的预算进度款为工程合同总价的 8%,签约时和结算月份的工资、材料等物价指数见表 8.2。

试计算 2005 年 6 月结算工程款的金额。并说明动态结算比静态结算超出金额产生的原因和业主用哪项费用支付增加的工程款。

表 8.2　工资、材料等物价指数表

代　号	A	B	C	D	E	F	G	H
2004 年 6 月指数	100.0	153.4	154.8	132.6	178.3	154.4	160.1	142.7
2005 年 6 月指数	116.0	187.6	175.0	169.3	192.8	162.5	162.0	159.5

解答依据:第八章第三节中一、我国建筑安装工程价款结算。

答:

①18 000 × $\left(0.15 + 0.45 \times \frac{116}{100} + 0.11 \times \frac{187.6}{153.4} + 0.11 \times \frac{175}{154.8} + 0.05 \times \frac{169.3}{132.6} + 0.05 \times \frac{192.8}{178.3} + 0.02 \times \right.$

$\left. \frac{162.5}{154.4} + 0.04 \times \frac{162}{160.1} + 0.02 \times \frac{159.5}{142.7}\right) = 19\ 980(万元)$

②原因:参考 2005 年 6 月的指数,可以看到人工、材料价格上涨,引起动态结算比静态结算超出。

③业主可以用预留金支付、担保。

19. **已知某工程每周拟完工程计划投资、已完工程计划投资和已完工程实际投资,见表 8.3。**

表 8.3　计划投资和实际投资　　　　　　　　　　单位:万元

项　目	计划投资和实际投资进度/周											
	1	2	3	4	5	6	7	8	9	10	11	12
每周拟完工程计划投资	5	9	9	13	13	18	14	8	8	3		
拟完工程计划投资累计	5	14	23	36	49	67	81	89	97	100		
每周已完工程实际投资	5	5	9	4	4	12	15	11	11	8	8	3
已完工程实际投资累计	5	10	19	23	27	39	54	65	76	84	92	95
每周已完工程计划投资	5	5	9	4	4	13	17	13	13	7	7	3
已完工程计划投资累计	5	10	19	23	27	40	57	70	83	90	97	100

请在坐标纸上绘出:拟完工程计划投资;已完工程实际投资;已完工程计划投资 3 条 S 曲线。分别计算 6 周末和 10 周末的投资偏差和进度偏差,并说明其含义。

解答依据:第八章第四节中四、投资偏差分析。

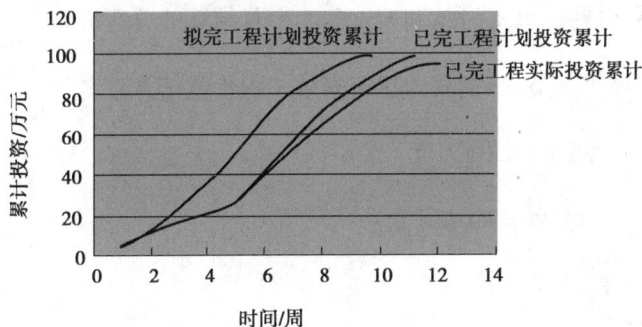

图 8.1　时间-累计投资曲线(S 曲线)

答:6 周末投资偏差:39-40=-1(万元),投资节约 1 万元。

6 周末进度偏差:67-40=27(万元),进度拖延 27 万元。

10 周末投资偏差:84-90=-6(万元),投资节约 6 万元。

10 周末进度偏差:100-90=10(万元),进度拖延 10 万元。

20. 某承包商承包建安工程施工任务,并与业主签订了承包合同。该合同总价为 1 000 万元,合同工期 5 个月,合同中有关价款结算有如下规定:

①预付款为合同价款的 25%。

②工程进度款逐月结算。

③预付款加进度款达合同价的 40% 的下月起开始抵扣预付款,并按以后各月平均扣回。

④工程保修款按合同价的 5% 留业主,且从第 1 个月开始按月结进度款的 10% 扣留,扣完为止。

⑤从第 1 个月开始物价调整统一按 1.1 系数计算,并随进度款一并支付。

若每月实际产值见表 8.4。

表 8.4　每月实际产值

月　份	1	2	3	4	5
产值/万元	180	200	220	220	180

试计算:预付款、各月结算支付款和该工程 5 个月结算的总造价。

解答依据:第八章第三节中一、我国建筑安装工程价款结算。

答:预付款:1 000×25%=250(万元)

合同价 40%:1 000×40%=400(万元)

保修款:1 000×5%=50(万元)

因为 180+250=430 万元大于 400 万元,因此预付款从 2 月起开始扣,每月扣 $\frac{250}{4}$=62.5(万元)。

一月结算款:$(180-180×0.1)×1.1=178.2$(万元)

二月结算款:$(200-62.5-200×0.1)×1.1=129.25$(万元)

三月应扣的保修款:$50-180×0.1-200×0.1=12$(万元)

三月结算款:$(220-62.5-12)×1.1=160.05$(万元)

四月结算款:$(220-62.5)×1.1=173.25$(万元)

五月结算款:$(180-62.5)×1.1=129.25$(万元)

结算　　　　　　　$0-50)×1.1=770$(万元)

21. 　　　　　　包人按《建设工程施工合同文本》签订了工程施工合同,工程　　未　　　　　　　施工过程中,因遭受暴风雨不可抗力的袭击,造成了相应的损失,承包人及时向监理工程师提出了索赔要求,并附索赔有关的资料和证据。索赔报告的基本要求如下所述。

①遭暴风雨袭击是因非承包人原因造成的损失,故应由发包人承担赔偿责任。

②给已建部分工程造成损坏,损失计 18 万元,应由发包人承担修复的经济责任,承包人不承担修复的经济责任。承包单位人员因此灾害数人受伤,处理伤员医疗费用和补偿金总计 3 万元,发包人应给予赔偿。

③承包人进入现场时,施工机械、设备受到损坏,造成损失 8 万元,由于现场停工造成台班费损失 4.2 万元,发包人应负担赔偿和修复的经济责任。工人窝工费 3.8 万元,发包人应予以支付。

④因暴风雨造成现场停工 8 天,要求合同工期顺延 8 天。

⑤由于工程破坏,清理现场需费用 2.4 万元,发包人应予以支付。

试问:

①监理工程师接到承包人提交的索赔申请后,应进行哪些工作(请详细分条列出)?

②不可抗力发生风险承担的原则是什么?对承包人提出的要求如何处理(请逐条回答)?

解答依据:第八章第五节工程合同管理与索赔和工程价款结算与控制案例分析。

答：

（1）监理工程师接到承包人提交的索赔申请后，应进行下述步骤

①调查取证，核实索赔申请报告中的相关证据。

②调查索赔成立的条件，确认索赔是否成立，工期费用的补偿方式是否合理。

③分清责任，认可合理索赔。

④与施工单位协商，统一意见。

⑤签发索赔报告，处理意见报业主审批。

（2）不可抗力风险承担的原则

合同约定工期内发生不可抗力的合同责任时：

①工程本身的损害由业主方承担。

②人员伤亡由其所在方负责，并承担相应费用。

③施工方的机械设备损坏及停工损失，由施工方承担。

④工程所需清理修复费用，由业主方承担。

⑤延误的工期顺延。

⑥停工期间，承包人应工程师要求留在施工场地的必要的管理人员及保卫人员的费用由发包人承担。

迟延履行合同期间发生不可抗力的合同责任：

①因合同一方迟延履行合同后发生不可抗力，不能免除迟延履行方的相应的责任。

②如果是发包人办理的工程险，承包人获得工期顺延时，发包人应办理保险的延续手续。

③如果是发包人办理的工程险，因承包人原因不能按期竣工，承包人应自费办理保险的延续手续。

④保险公司的赔偿不能全部弥补损失的部分，应由合同约定的责任方承担赔偿义务。

（3）对承包人提出要求的处理方式

①由双方承担各自的责任。

②承包人承担修复的责任，发包人承担相应的经济责任；承包单位人员医疗费和补偿金由

承包人自行承担。

③承包人的机械设备的损失和窝工费由承包人自行承担。

④顺延工期。

⑤发包人支付现场清理费。

22.试对下述索赔案例进行讨论和分析。

某工程是为某港口修建一石砌码头,估计需要 10 万 t 石块。某承包人中标后承担了该项工程的施工。在招标文件中业主提供了一份地质勘探报告,指出施工所需的石块可在离港口工地 35 km 的 A 地采石场开采。

业主指定石块的运输由当地一国有运输公司作为分包人承包。

按业主认可的施工计划,港口工地每天施工需要 500 t 石块,则现场开采能力和运输能力都为每天 500 t。

运输价格按分包人报价(加上管理费等)在合同中规定。

设备台班费、劳动力等报价在合同中列出。

进口货物关税由承包人承担。

合同中外汇部分的通货膨胀率为每月 0.8%。

工程初期一直按计划施工。但当在 A 场开采石块达 6 万 t 时,A 场石块资源已枯竭。经业主同意,承包人又开辟离港口 105 km 的另一采石场 B 继续开采。由于运距加大,而承担运输任务的分包人运输能力不足,每天实际开采 400 t,而仅运输 200 t 石块,造成工期拖延。

试问:①如果作为承包人,如何就下列问题进行处理?

a.索赔机会分析。

b.索赔理由提出。

c.干扰事件的影响分析和计算索赔值。

d.索赔证据列举。

②如果出现以下情况,对业主和承包人分别又会产生何种影响?

a. 出现运输能力不足导致工程窝工现象后,承包人未请示业主,也未采取措施。

b. 承包人请示业主,要求雇另外一个运输公司,但为业主否定。

c. 承包人要另雇一个运输公司,业主也同意,但当地已无其他运输公司。

解答依据:第八章第五节工程合同管理与索赔和工程价款结算与控制案例分析。

答:(1)

①若是采取单项索赔,则在索赔事件发生后的 28 天内,以正式函的形式通知工程师索赔意向,并按照工程师的指令继续施工并抓紧时间准备索赔的证据和资料,并计算出索赔额和申请顺延的工期天数,在索赔申请发出的 28 天内报出。

若是采用综合索赔,则事前征得工程师的同意,并提出以下证明:

a. 承包商的投标报价是合理的。

b. 实际发生的总成本是合理的。

c. 承包商对成本增加没有任何责任。

d. 不可能采用其他方法准确地计算出实际发生的损失数额。

②招标文件中的地质勘探报告是业主提供的,因此业主应该对其真实可靠性负责,同时分包人也是由业主指定的,而由于报告的错误,经过业主同意后,承包人另外开辟采石场进行开采,再加上分包人的运输能力又不足,致使工期拖延,管理费窝工费增加,再加上拖延的工期中发生的通货膨胀,致使承包人利润减少。

③工期拖延:相应的工期应顺延。

管理费窝工费增加:补偿承包人相应的管理费窝工费。

利润损失:补偿承包人相应的利润。

④索赔证据主要包括:

a. 招标文件、工程合同及附件、业主认可的施工组织设计、工程图纸、技术规范等。

b. 工程各项有关的设计交底记录、变更图纸、变更施工指令等。

c. 工程各项经业主或工程师签认的签证。

d. 工程各项往来信件、指令、信函、通知、答复等。

e.工程各项会议纪要。

f.施工计划及现场实施情况记录。

g.施工日报及工长工作日志、备忘录。

h.工程送电、送水、道路开通、封闭的日期及数量记录。

i.工程停电、停水和干扰事件影响的日期及恢复施工的日期。

（2）

①业主不补偿其窝工费,因此拖延的工期不顺延。

②业主为所造成的工期延误费用增加等负全责。

③承包商继续施工,业主补偿其费用。

第 **9** 章

竣工验收与竣工决算

1. 建设项目竣工验收在整个建设过程中有何作用和意义？

解答依据：第九章第一节中一、竣工验收概述。

答：①全面考核建设成果，检查设计、工程质量是否符合要求，以确保项目按设计要求的各项技术经济指标正常使用。

②通过竣工验收办理固定资产使用手续，可以总结工程建设经验，为提高建设项目的经济效益和管理水平提供重要依据。

③建设项目竣工验收是项目施工阶段的最后一个程序，是建设成果投入生产使用的标志，是审查投资使用是否合理的重要环节。

④建设项目建成投产交付使用后，能否取得良好的宏观效益，需要经过国家权威管理部门按照技术规范、技术标准组织验收确认。

因此，竣工验收是建设项目转入投产使用的必要环节。

2. 竣工验收的参与主体有哪些？ 它们在竣工验收不同阶段起何作用？

解答依据：第九章第一节中五、竣工验收的形式和程序。

答：竣工验收的参与主体有：业主、监理单位、设计单位、施工单位、工程质量监督站。

（1）承包商申请交工验收

承包商在完成了合同工程时，或按合同约定可分步移交工程的，可申请交工验收。竣工验收一般为单项工程，但在某些特殊情况下也可以是单位工程的施工内容，诸如特殊基础处理工程、发电站单机机组完成后的移交等。承包商施工的工程达到竣工条件后，应先进行预检验，对不符合要求的部位和项目，确定修补措施和标准，修补有缺陷的工程部位；对于设备安装工程，要与甲方和监理工程师共同进行无负荷单机和联动试车。承包商在完成了上述工作和准备好竣工资料后，即可向甲方提交竣工验收申请报告。一般基层施工单位先进行自验、项目经理自验、公司级预验 3 个层次的竣工验收预验收，也称竣工预验，为正式验收做好准备。

（2）监理工程师现场初验

施工单位通过竣工预验收，对发现的问题进行处理后，决定正式提请验收，应向监理工程师提交验收申请报告。监理工程师审查验收申请报告，如认为可以验收，则由监理工程师组成验收组，对竣工的工程项目进行初验。在初验中发现的质量问题，要及时书面通知施工单位，令其修理甚至返工。

（3）正式验收

正式验收由业主或监理工程师组织，包括业主、监理单位、设计单位、施工单位、工程质量监督站等单位参加。其工作程序是：

①参加工程项目竣工验收的各方对已竣工的工程进行目测检查和逐一核对工程资料所列内容是否齐备和完整。

②举行各方参加的现场验收会议，由项目经理对工程施工情况、自验情况和竣工情况进行介绍，并出示竣工资料，包括竣工图和各种原始资料及记录；由项目总监理工程师通报工程监理中的主要内容，发表竣工验收的监理意见；业主根据在竣工项目目测中发现的问题，按照合同规定对施工单位提出限期处理的意见；然后暂时休会，由质检部门会同业主及监理工程师讨论正式验收是否合格；最后复会，由业主或总监理工程师宣布验收结果，质检站人员宣布工程质量等级。

③办理竣工验收签证书，各方签字盖章。

3.试述竣工验收的条件

解答依据:第九章第一节中五、竣工验收的条件和依据。

答:国务院2000年1月发布的第279号令《建设工程质量管理条例》第十六条规定,建设工程竣工验收应当具备以下条件:

①完成建设工程设计和合同约定的各项内容。

②有完整的技术档案和施工管理资料。

③有工程使用的主要建筑材料、建筑构配件和设备的进场试验报告。

④有勘察、设计、施工、工程监理等单位分别签署的质量合格文件。

⑤有施工单位签署的工程保修书。

4.试述竣工验收的内容

解答依据:第九章第一节中二、竣工验收的内容。

答:建设项目竣工验收的内容一般包括以下两部分:

(一)工程资料验收

工程资料验收包括工程技术资料、工程综合资料和工程财务资料的验收。

(1)工程技术资料验收内容

工程技术资料包括工程施工技术资料、工程质量保证资料、工程检验评定资料、工程竣工图纸编制以及规定的其他应交资料。

(2)工程综合资料验收内容

工程综合资料包括项目建议书及批件,可行性研究报告及批件,项目评估报告,环境影响评估报告书,设计任务书,土地征用申报及批准的文件,承包合同,招标投标文件,施工企业执照,资质证书,各项取费证,项目竣工验收报告及验收鉴定书等。

(3)工程财务资料验收内容

①历年建设资金供应(拨、贷)情况和应用情况。

②历年批准的年度财务决算。

③历年年度投资计划、财务收支计划。

④建设成本资料。

⑤支付使用的财务资料。

⑥设计概算、预算资料。

⑦施工结算、竣工决算资料。

（二）工程内容验收

工程内容验收主要包括建筑工程验收、安装工程验收。

（1）建筑工程验收内容

①建筑物的位置、标高、轴线是否符合设计要求。

②对基础工程中的土石方工程、垫层工程及砌筑工程等资料的审查,因为这些工程在"交工验收"时已验收。

③对结构工程中的砖木结构、砖混结构、内浇外砌结构及钢筋混凝土结构的审查验收。

④对屋面工程的木基、望板油毡、屋面瓦、保温层及防水层等的审查验收。

⑤对门窗工程的审查验收。

⑥对装修工程的审查验收(抹灰、油漆等工程)。

（2）安装工程验收内容

安装工程验收分为建筑设备安装工程、工艺设备安装工程及动力设备安装工程验收,主要包括:

①建筑设备安装工程(指民用建筑物中的上下水管道、暖气、煤气、通风、电气照明等安装工程)应检查这些设备的规格、型号、数量、质量是否符合设计要求,检查安装时的材料、材质、材种、检查试压、闭水试验、照明。

②工艺设备安装工程包括:生产、起重、传动、实验等设备的安装,以及附属管线敷设和油漆、保温等。

③检查设备的规格、型号、数量、质量、设备安装的位置、标高、机座尺寸、质量、单机试车、无负荷联动试车、有负荷联动试车、管道的焊接质量、清洗、吹扫、试压、试漏、油漆、保温以及各

种阀门检验等。

④动力设备安装工程验收是指有自备电厂的项目或变配电室（所）、动力配电线路的验收。

5. 竣工验收中的质量核定是由哪个部门组织核定的？在竣工验收中有何意义？

解答依据：第九章第一节中二、竣工验收的质量核定。

答：①单位工程完成之后，施工单位应按照国家检验评定标准的规定进行自验，符合有关规范、设计文件和合同要求的质量标准后，提交建设单位进行核定。

②建设单位组织设计、监理、施工等单位对工程质量评出等级，并向有关的监督机构提出申报竣工工程质量核定。

③监督机构在受理了竣工工程质量核定后，按照国家的《工程质量检验评定标准》进行核定，经核定合格或优良的工程，发给"合格证书"，并说明其质量等级。工程交付使用后，如工程质量出现永久缺陷等严重问题，监督机构将收回"合格证书"，并予以公布。

④经监督机构核定不合格的单位工程，不发给"合格证书"，不准投入使用，责任单位在规定期限返修后，再重新进行申报、核定。

⑤在核定中，如施工单位资料不能说明结构安全或不能保证使用功能的，由施工单位委托法定监测单位进行监测，并由监督机构对隐瞒事故者进行依法处理。

6. 试分别叙述《竣工验收通知书》《竣工验收证明书》《竣工验收合格证书》《竣工验收鉴定书》的参与主体及实施阶段。它们分别代表竣工验收达到何种程度？

解答依据：第九章第一节中二、竣工验收的形式和程序。

答：①施工单位应于正式竣工验收之日的前10天，向建设单位发送《竣工验收通知书》。

②建设单位验收完毕并确认工程符合竣工标准和合同条款规定要求以后，向施工单位签发竣工验收证明书。

③验收委员会或验收组，在确认工程符合竣工标准和合同条款规定后，签发《竣工验收合格证书》。

④《竣工验收鉴定书》是表示建设项目已经竣工,并交付使用的重要文件,是全部固定资产交付使用和建设项目正式动用的依据,也是承包商对建设项目免除法律责任的证据。竣工验收鉴定书一般包括:工程名称及地点、验收委员会成员、工程总说明、工程据以修建的设计文件、竣工工程是否与设计相符合、全部工程质量鉴定、总的预算造价和实际造价、结论,验收委员会对工程投入使用的意见和要求等主要内容。

7. 某项工程主体工程已完工,只有少数非主要设备因订货过程出现问题、短期不能解决。但整个工程可以形成生产能力。试问该工程是否可以进行验收? 为什么?

解答依据:第九章第一节中五、竣工验收的条件和依据。

答:可以进行验收。

对于某些特殊情况,工程施工虽未全部按设计要求完成,也应进行验收,这些特殊情况主要有:

①因少数非主要设备或某些特殊材料短期内不能解决,虽然工程内容尚未全部完成,但已可以投产或使用的工程项目。

②规定要求的内容已完成,但因外部条件的制约,如流动资金不足、生产所需原材料不能满足等,而使已建工程不能投入使用的项目。

③有些建设项目或单项工程,已形成部分生产能力,但近期内不能按原设计规模续建,应从实际情况出发,经主管部门批准后,可缩小规模对已完成的工程和设备组织竣工验收,移交固定资产。

8. 竣工结算与竣工决算有何联系? 二者在建设阶段所起的作用有何不同?

解答依据:第九章第二节中一、竣工决算的概念及作用。

答:建设项目竣工决算是指建设项目竣工后,建设单位按照国家有关规定在新建、改建和扩建工程建设项目竣工验收阶段编制的竣工决算报告。竣工决算是以实物数量和货币指标为计量单位,综合反映竣工项目从筹建开始到项目竣工交付使用为止的全部建设费用、建设成果和财务情况的总结性文件,是竣工验收报告的重要组成部分。竣工决算是正确核定新增固定资产价值,考核分析投资效果,建立健全经济责任制的依据,是反映建设项目实际造价和投资效果的文件。

工程竣工结算是指施工企业按照合同规定的内容全部完成所承包的工程,经验收质量合格,并符合合同要求之后,向发包单位进行的最终工程价款结算。

9. 竣工决算由哪几部分组成?大、中型建设项目和小型建设项目竣工财务报表有何异同?

解答依据:第九章第二节中二、竣工决算的内容。

答:竣工决算由"竣工决算报表""竣工财务决算说明书""工程竣工图"和"工程造价对比分析"4部分组成。大、中、小型建设项目由于建设规模不同,所包括的决算报表也不同。一般大、中型建设项目的竣工决算报表包括:竣工工程概况表、竣工财务决算表、建设项目交付使用财产总表和建设项目交付使用财产明细表等;小型建设项目的竣工决算报表一般包括:竣工决算总表和交付使用财产明细表两部分。

10. 竣工决算完成后工程造价的审查内容主要包括哪些方面?

解答依据:第九章第二节中二、竣工决算的内容。

答:造价方面主要对照概算造价,对节约还是超支用金额和百分率进行分析说明。并进行各项经济技术指标的分析概算执行情况分析,根据实际投资完成额与概算进行对比分析。

11. 新增资产包括哪些内容?在具体实际中应如何分别确定?

解答依据:第九章第二节中四、新增资产价值的确定。

答:

(一)新增固定资产价值的确定。在计算时应注意以下几种情况:

①为了提高产品质量、改善劳动条件、节约材料消耗、保护环境而建设的附属辅助工程,只要全部建成,并正式验收交付使用后就要计入新增固定资产价值。

②单项工程中不构成生产系统,但能独立发挥效益的非生产性项目,如住宅、食堂、医所、托儿所、生活服务网点等,在建成并交付使用后,也要计算新增固定资产价值。

③凡购置达到固定资产标准不需安装的设备、工具、器具,应在交付使用后计入新增固定资产价值。

④属于新增固定资产价值的其他投资,应随同受益工程交付使用的同时一并计入。

⑤交付使用财产的成本应按下列内容计算:

a.房屋、建筑物、管道、线路等固定资产的成本包括建筑工程成本和应分摊的待摊投资。

b.动力设备和生产设备等固定资产的成本包括需要安装设备的采购成本、安装工程成本、设备基础支柱等建筑工程成本或砌筑锅炉及各种特殊炉的建筑工程成本、应分摊的待摊投资。

c.运输设备及其他不需要安装的设备、工具、器具、家具等固定资产一般仅计算采购成本,不计分摊的"待摊投资"。

⑥共同费用的分摊方法新增固定资产的其他费用,如果是属于整个建设项目或两个以上单项工程的,在计算新增固定资产价值时应在各单项工程中按比例分摊。分摊时,什么费用应由什么工程负担应按具体规定进行。一般情况下,建设单位管理费按建筑工程、安装工程、需安装设备价值总额按比例分摊,而土地征用费、勘察设计费等费用则按建筑工程造价分摊。

(二)流动资产价值的确定

①货币性资金是指现金、各种银行存款及其他货币资金,其中现金是指企业的库存现金,包括企业内部各部门用于周转使用的备用金;各种存款是指企业的各种不同类型的银行存款;其他货币资金是指除现金和银行存款以外的其他货币资金,根据实际入账价值核定。

②应收及预付款项应收账款是指企业因销售商品、提供劳务等应向购货单位或受益单位收取的款项;预付款项是指企业按照购货合同预付给供货单位的购货定金或部分货款。应收及预付款项包括应收票据、应收款项、其他应收款、预付货款和待摊费用。一般情况下,应收及预付款项按企业销售商品、产品或提供劳务时的成交金额入账核算。

③短期投资包括股票、债券、基金股票和债券,根据是否可以上市流通分别采用市场法和收益法确定其价值。

④存货是指企业的库存材料、在产品、产成品等。各种存货应当按照取得时的实际成本计价。存货的形成,主要有外购和自制两个途径。外购的存货,按照买价加运输费、装卸费、保险费、途中合理损耗、入库前加工、整理及挑选费用以及缴纳的税金等计价;自制的存货,按照制造过程中的各项实际支出计价。

（三）无形资产价值的确定

（1）无形资产的计价原则

投资者按无形资产作为资本金或者合作条件投入时，按评估确认或合同约定的金额计价。

①购入的无形资产，按实际支付的价款计价。

②企业自创并依法申请取得的无形资产，按开发过程中的实际支出计价。

③企业接受捐赠的无形资产，按发票账单所持金额或者同类无形资产市价作价。

④无形资产计价入账后，应在其有效使用期内分期摊销。

（2）无形资产的计价方法

①专利权的计价专利权分为自创和外购两类。自创专利权的价值为开发过程中的实际支出。主要包括专利的研制成本和交易成本。研制成本包括直接成本和间接成本；直接成本是指研制过程中直接投入发生的费用（主要包括材料费用、工资费用、专用设备费、资料费、咨询鉴定费、协作费、培训费和差旅费等）；间接成本是指与研制开发有关的费用（主要包括管理费、非专用设备折旧费、应分摊的公共费用及能源费用）。交易成本是指在交易过程中的费用支出（主要包括技术服务费、交易过程中的差旅费及管理费、手续费、税金）。由于专利权是具有独占性并能带来超额利润的生产要素，因此，专利权转让价格不按成本估价，而是按照其所能带来的超额收益计价。

②非专利技术的计价。非专利技术具有使用价值和价值，使用价值是非专利技术本身应具有的，非专利技术的价值在于非专利技术的使用所能产生的超额获利能力，应在研究分析其直接和间接的获利能力的基础上，准确计算出其价值。如果非专利技术是自创的，一般不作为无形资产入账，自创过程中发生的费用，按当期费用处理。对于外购非专利技术，应由法定评估机构确认后再进行估价，其方法往往通过能产生的收益采用收益法进行估价。

③商标权的计价。如果商标权是自创的，一般不作为无形资产入账，而将商标设计、制作、注册、广告宣传等发生的费用直接作为销售费用计入当期损益。只有当企业购入或转让商标时，才需要对商标权计价。商标权的计价一般根据被许可方新增的收益确定。

④土地使用权的计价。根据取得土地使用权的方式不同，土地使用权可有以下几种计价方式：当建设单位向土地管理部门申请土地使用权并为之支付一笔出让金时，土地使用权作为无形资产核算；当建设单位获得土地使用权是通过行政划拨的，这时土地使用权就不能作为无

形资产核算;在将土地使用权有偿转让、出租、抵押、作价入股和投资,按规定补交土地出让价款时,才作为无形资产核算。

(四)递延资产和其他资产价值的确定

(1)递延资产价值的确定

①开办费是指在筹集期间发生的费用,不能计入固定资产或无形资产价值的费用。主要包括筹建期间人员工资、办公费、员工培训费、差旅费、印刷费、注册登记费以及不计入固定资产和无形资产购建成本的汇兑损益、利息支出等。根据现行财务制度规定,企业筹建期间发生的费用,应于开始生产经营时起一次计入当期的损益。企业筹建期间开办费的价值可按其账面价值确定。

②以经营租赁方式租入的固定资产改良工程支出的计价,应在租赁有限期限内摊入制造费用或管理费用。

(2)其他资产价值的确定

其他资产包括特准储备物资等,按实际入账价值核算。

12. 保修费用对建设项目保证有何意义?

解答依据:第九章第三节中一、建设项目保修。

答:建设工程质量保修制度是国家规定的重要法律制度;建设工程保修制度对于完善建设工程保修制度、促进承包方加强质量管理、保护用户及消费者的合法权益能够起到重要的作用。

13. 根据国务院对工程质量保修期的规定,你认为保修期内出现质量问题时是否应完全由施工方负责处理并承担费用损失? 当质量责任一时无法确定或存在争议时,或保修期过后才进行处理,工程保修费应由谁承担?

解答依据:第九章第三节中一、建设项目保修。

答:不是。保修期内出现质量问题时,由责任单位负责维修。

保修的经济责任应当由有关责任方承担,并由建设单位和施工单位共同商定经济处理办法。

14. 某工程由于设计不当,竣工后建筑物出现不均匀沉降现象,保修费用应由谁承担? 为什么?

解答依据:第九章第三节中二、保修费用及其处理。

答:由设计单位承担。保修的经济责任应当由有关责任方承担。

15. 因洪水原因,造成某住宅在保修期限内出现质量问题,试问该如何处理?

解答依据:第九章第三节中二、保修费用及其处理。

答:由建设单位自己负责。

16. 某建设项目竣工报表中基建拨款 2 300 万元,项目资金 500 万元,项目资本公积金 10 万元,基建借款 700 万元,企业债券资金 300 万元,待冲基建支出 200 万元,应付款 420 万元,应收生产单位投资借款 1 200 万元,基本建设支出 900 万元,待处理器材损失 16 万元,则该项目基建结余资金为多少万元?

解答依据:第九章第二节中二、竣工决算的内容。

答:资金来源 = 2 300+500+10+700+300+200+420 = 4 430(万元)

资金占用 = 1 200+900+16 = 2 116(万元)

基建结余资金 = 资金来源-资金占用 = 2 314(万元)

17. 某工业建设项目及其总装车间的建筑工程费、安装工程费、需安装设备费以及应分摊费用见表 9.1,则总装车间新增固定资产价值是多少?

表 9.1　项目费用表　　　　　　　　　　　　　　　　　单位:万元

项目名称	建筑工程	安装工程	需安装设备	建设单位管理费	土地征用费	勘察设计费
建设项目竣工决算	2 400	500	1 000	78	120	48
总装车间投产后决算	600	200	400			

解答依据:第九章第二节中四、新增资产价值的确定。

答:应分摊的建设单位管理费 $= \dfrac{600+200+400}{2\,400+500+1\,000} \times 78 = 24$（万元）

应分摊的土地征用费 $= \dfrac{600}{2\,400} \times 120 = 30$（万元）

应分摊的勘察设计费 $= \dfrac{600}{2\,400} \times 48 = 12$（万元）

总装车间新增固定资产 $= 600+200+400+24+30+12 = 1\,266$（万元）。

18. 某工程合同价格为 500 万元,按 5% 扣留保修费用。在保修期内发生因施工原因导致的质量缺陷。在要求承包商履行保修义务未果的情况下,业主请了另一单位进行修复,费用为 10 万元。试问,在此种情况下,保修费用如何处理? 当保修期满后(假定再无保修义务发生),保修费应如何返还?

解答依据:第九章第三节中二、保修费用及其处理。

答:因施工原因导致的质量缺陷,经济责任属于施工单位,保修费用由施工单位承担。

保修期满后,保修金为 25 万元(500×5%),扣除已经发生的维修费 10 万元,退还 15 万元给施工单位。

19. 某房地产开发公司,在建项目资产总额为 1 000 万元,该项目为一栋待售的商品房,则该资产是否应计为固定资产或流动资产? 为什么?

解答依据:第九章第二节中四、新增资产价值的确定。

答:该资产不应计为固定资产或流动资产。因为该项目为在建项目,未交付使用,不能计算为新增资产。

20. 某大、中型建设项目 2011 年开工建设,2012 年年底有关财务核算资料如下所述。

①已经完成部分单项工程,经验收合格后,已经支付使用的资产包括:

a. 固定资产价值 2.29 亿元,其中房屋建筑物价值 1 亿元,折旧年限为 40 年,机器设备价值 1.2 亿元,折旧年限为 12 年。

  b. 为生产准备的使用期限在一年以内的备品备件、工具、器具等流动资产价值 5 600 万元,期限在 1 年以上、单位价值 2 000 元以上的工具 100 万元。

  c. 筹建期间发生的开办费 200 万元。

  ②基本建设支出的项目包括:

  a. 建安工程支出 2.1 亿元。

  b. 设备工器具投资 1.5 亿元。

  c. 建设单位管理费、勘察设计费等待摊投资 800 万元。

  d. 通过出让方式购置的土地使用权形成的其他投资 300 万元。

  ③非经营性项目发生待核销基建支出 50 万元。

  ④应收生产单位投资借款 700 万元。

  ⑤购置需要安装的器材 60 万元,其中待处理器材 20 万元。

  ⑥货币资金 40 万元。

  ⑦预付工程款及应收有偿调出器材款 20 万元。

  ⑧建设单位自用固定资产原值 4.5 亿元,累计折旧 1 亿元。

  ⑨预算拨款 2.5 亿元。

  ⑩商业借款 1.08 亿元。

  ⑪国家资本金 3 亿元。

  ⑫建设单位当年完成交付生产单位使用的资产价值中,150 万元属于利用投资借款形成的待冲基建支出。

  ⑬应付器材款 20 万元及未支付的应付工程款 650 万元。

  ⑭未交税金 30 万元。

  ⑮自筹资金 3 亿元。

  ⑯其余为留成收入。

  问题:

  ①根据以上资料编制项目竣工财务决算表。

  ②分别计算固定资产、流动资产、无形资产和递延资产的价值。

解答依据:第九章第二节中二、竣工决算的内容。

答:

①

项目竣工财务决算表　　　　　　　　　　　　　单位:万元

资金来源	金 额	资金占用	金 额	补充资料
一、基建拨款	55 000	一、基本建设支出	65 950	1.基建投资借款期末余额
1.预算拨款	25 000	1.交付使用资产	28 800	
2.基建基金拨款		2.在建工程	37 100	
3.进口设备转账拨款		3.待核销基建支出	50	
4.器材转账拨款		4.非经营项目转出投资		
5.煤代油专用基金拨款		二、应收生产单位投资借款	700	2.应收生产单位投资借款期末余额
6.自筹资金拨款	30 000	三、拨款所属投资借款		
7.其他拨款		四、器 材	60	
二、项目资本	30 000	其中:待处理器材损失	20	3.基建结余资金
1.国家资本	30 000	五、货币资金	40	
2.法人资本		六、预付及应收款	20	
3.个人资本		七、有价证券		
三、项目资本公积	5 120	八、固定资产	35 000	
四、基建借款	10 800	固定资产原值	45 000	
五、上级拨入投资借款		减:累计折旧	10 000	
六、企业债券资金		固定资产净值	35 000	

续表

资金来源	金 额	资金占用	金 额	补充资料
七、待冲基建支出	150	固定资产清理		
八、应付款	670	待处理固定资产损失		
九、未交款	30			
1. 未交税金	30			
2. 未交基建收入				
3. 未交基建包干结余				
4. 其他未交款				
十、上级拨入资金				
十一、留成收入				
合　计	101 770	合　计	101 770	

②固定资产22 900万元,流动资产5 700万元(5 600+100),无形资产0万元,递延资产200万元。

《工程造价确定与控制》模拟试卷　（A 卷）

题　号	一	二	三	四	五	总　分
得　分		.				

一、单项选择题(共 15 分,每题 1 分)

1. 按照《建筑安装工程费用项目组成》的规定,建筑安装工程费用由(　　)构成。

　　A. 直接费、间接费、管理费、利润和税金

　　B. 分部分项工程费、措施项目费、利润、税金

　　C. 直接工程费、间接费、利润和税金

　　D. 人工费、材料费、机械费、企业管理费、利润和规费、税金

2. 根据设计要求,在施工过程中需对某新型钢筋混凝土屋架进行一次破坏性试验,以提供和验证设计数据,此项试验费应由(　　)支付。

　　A. 设计单位　　　　　　　　　　　B. 建设单位研究试验费

　　C. 承包商检验试验费　　　　　　　D. 间接费

3. (　　)是控制项目投资的最有效手段。

　　A. 合同措施　　　　　　　　　　　B. 技术措施

　　C. 合同与信息管理相结合　　　　　D. 技术与经济相结合

4. 在初步设计阶段,经过相关部门批准,(　　)即作为拟建项目工程造价的最高限额。

　　A. 投资估算　　　B. 设计概算　　　C. 施工图预算　　　D. 设计预算

5. 预算定额的研究对象是(　　)。

　　A. 单项工程　　　B. 单位工程　　　C. 分部分项工程　　　D. 施工过程

6.英联邦国家的工料测量师与我国(　　)的工作性质相同。

    A.造价工程师　　　B.监理工程师　　　C.测量工程师　　　D.建造师

7.一般而言,在工程建设的下列阶段中,影响项目投资最大的阶段是(　　)。

    A.初步设计阶段　　B.施工图设计阶段　　C.招标投标阶段　　　D.施工阶段

8.投标人编制投标报价时,如果工程量清单中有某项目未填写单价和合价,则最有可能的处理方式为(　　)。

    A.该标书将被视为废标

    B.该标书将被退回投标单位重新填写

    C.此部分价款将不予支付,并认为此项费用已包括在其他单价和合价中

    D.此部分单价和合价将按照其他投标单位的平均投标价计算

9.价值工程的核心是(　　)。

    A.价值分析　　　　B.成本分析　　　　C.功能分析　　　　D.寿命周期费用分析

10.在多层住宅建筑平面布置中,加大建筑进深,则(　　)。

    A.墙体面积系数减少,造价增加　　　　B.墙体面积系数减少,造价降低

    C.墙体面积系数增加,造价降低　　　　D.建筑周长系数增加,造价降低

11.不计算建筑面积的是(　　)。

    A.无永久性顶盖的室外楼梯　　　　　B.有永久性顶盖的室外楼梯

    C.有围护结构的落地橱窗　　　　　　D.自动扶梯

12.根据我国施工合同示范文本,工程师未按时参加某隐蔽工程的验收,工程隐蔽后,工程师提出重新检验要求,重新检验的结果为合格,重新检验造成的费用损失应当由(　　)承担。

    A.发包人　　　　B.承包人　　　　C.工程师　　　　D.监理单位

13.在不平衡报价法中,下列项目应当适当降低报价的是(　　)。

    A.基础工程　　　　　　　　　　B.混凝土结构工程

    C.预计工程量可能增加的项目　　D.将来可能分标的暂定项目

14.在进行可计算工程量的措施项目清单编制时,计算规则按照(　　)。

    A.建设工程工程量清单计价规范　　B.相应专业工程工程量计算规范

    C.编制人自己在清单中列出　　　　D.由投标人自己确定并在投标文件中写出

15. 根据我国招标投标相关法规,以下不能判定为废标的是( )。

A. 投标文件没有投标人授权代表签字和加盖公章的

B. 联合体投标未附联合体各方共同投标协议的

C. 未按招标文件要求提交投标保证金的

D. 投标人的报价明显低于其他投标报价,且低于标底 15% 以上的

二、多项选择题(共 10 分,每题 2 分)

1. 公开招标与邀请招标的主要区别包括( )。

A. 编制资金使用计划不同   B. 招标信息的发布方式不同

C. 资格预审的时间不同   D. 邀请的对象不同

E. 清单编制不同

2. 以下关于限额设计说法错误的是( )。

A. 实行限额设计的目的是降低项目的建设投资

B. 投资分解和工程量控制是实行限额设计的有效途径和主要方法

C. 限额设计的本质特征是投资控制的主动性

D. 限额设计工作流程实际上就是工程建设在设计阶段的投资目标管理过程

E. 限额设计以降低成本为目的,所以它不适用于知识含量高、创新性强的项目

3. 工程计量的依据是( )。

A. 施工方所报已完工程量   B. 质量合格证书

C. 工程量计算规范   D. 批准的设计图纸文件及工程变更签证

E. 工程结算价格规定

4. 以下关于建设工程招标投标,说法不正确的是( )。

A. 招标人在投标截止日前 15 日内不可以对招标文件进行修改或补充

B. 评标方法必须在招标文件中说明,在评标中若要调整需要经过评标委员会同意

C. 投标人在投标截止日前,可以补充、修改或撤回已提交的投标文件

D. 招标人针对投标人的提问应以书面形式进行解答,并必须将解答同时送达所有投标人

E. 综合评估法是一般项目的首选评标方法

5. 关于工程索赔以下说法正确的是( )。

A. 索赔的性质属于经济补偿行为,而不是惩罚

B. 承包商对于并非自身过错而导致的自身损失,均可向业主进行索赔

C. 索赔有助于工程造价的合理确定

D. 索赔按照当事人可分为承包商与业主、承包商与分包商、业主与分包商、承包商与供货商等之间的索赔

E. 通常只有承包商实际的损失才能得到索赔支持

三、简述题(共40分,每题10分)

1. 从编制阶段和作用的角度对"概算""施工图预算""施工预算""结算""决算"进行区别?

2. 请描述工程量清单计价模式下的工程造价构成。

3. 请解释人工消耗量定额中的"定额时间""工序作业时间""规范时间"并说明它们之间的关系。

4. 请简述工程变更价款确定的原则和程序。

四、计算题,请根据背景材料按要求作答(20分)

某项工程项目业主与承包商签订了工程施工承包合同。合同中估算工程量为 4 900 m³,全费用单价为 200 元/m³。合同工期为 6 个月。有关付款条件如下:

(1)开工前业主向承包商支付估算工程合同总价20%的材料预付款。

(2)业主自第一个月起从承包商的工程款中,按照5%的比例扣留质量保证金。

(3)当累计实际完成工程量超过(或低于)估算工程量的10%时,可进行调价,调价系数为0.9(或1.1)。

(4)每月支付的工程款最低金额为15万元。

(5)工程预付款从乙方累计完成工程量价款达到估算合同价格55%时开始起扣,从每月工程量价款中按照50%的比重抵扣材料预付款,抵扣完为止。

(6)承包商每月实际完成并经签证确认的工程量如下表所示:

月　份	第1月	第2月	第3月	第4月	第5月	第6月
实际完成工程量/m³	800	1 000	1 200	1 000	1 000	600

问题：

（1）工程材料预付款为多少？材料预付款从几月份开始起扣,当月应扣回多少？

（2）第1月至第5月每月的工程量价款为多少？业主应支付给承包商的工程款为多少？

（3）第6月,承包商除了完成600 m³的工程量外,由于施工中承包商租赁的机械设备维修增加了维修费用5 000元,请问6月份的工程量价款为多少？业主应支付给承包商的工程款为多少？

五、计算题(15分)

某学校教学楼,按四级抗震设计,结构构件的混凝土强度等级为C25,梁LL₁设计平面图和端支座详图如题图5-1、题图5-2所示。其中,柱截面尺寸为: KZ₁(450 mm×450 mm), KZ₂(400 mm×400 mm)。

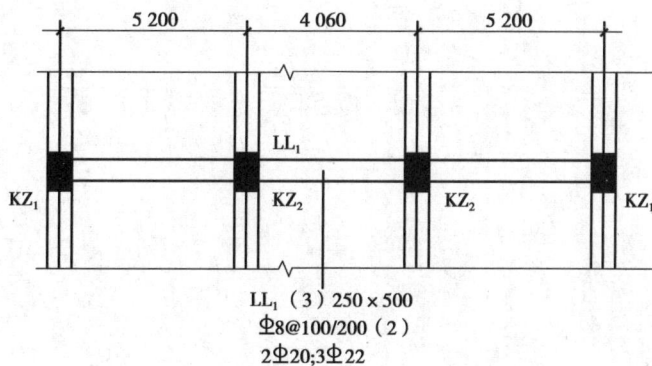

题图5-1　梁LL₁平面图

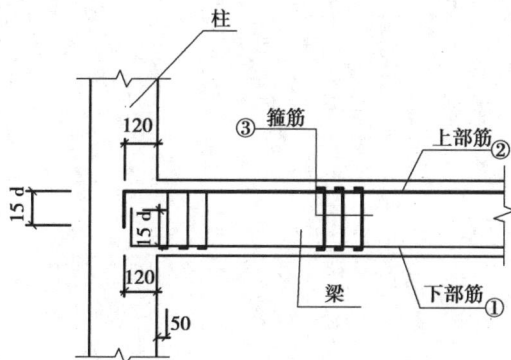

题图5-2　梁LL₁端部支座详图

梁钢筋每 8 m 长一个搭接，搭接长度为 $1.2 L_{aE}$，锚固长度 $L_{aE} = 34 d$。梁上部纵向钢筋通长布置，梁下部纵向钢筋全部采用在中间支座锚固。中间支座附近的梁箍筋布置形式与梁端部支座相同。梁箍筋弯钩长度每边 $10 d$，加密区长度为梁高的 1.5 倍（$1.5 h_b$，h_b 为梁截面高度）。混凝土保护层，梁 25 mm，柱 30 mm。每米钢筋重量如下（适用 I、II、III 等所有等级钢筋）：直径 20 mm 钢筋，2.47 kg/m，直径 22 mm 钢筋，2.98 kg/m，直径 8 mm 钢筋，0.395 kg/m。

问题：

(1)计算梁 LL_1 的混凝土工程量。

(2)分别计算梁 LL_1 上部筋和下部筋的钢筋质量。

A卷 参考答案

一、单项选择题(共 15 分,每题 1 分)

1. D　　2. B　　3. D　　4. B　　5. C

6. A　　7. A　　8. C　　9. C　　10. B

11. D　　12. A　　13. D　　14. B　　15. D

二、多项选择题(共 10 分,每题 2 分)

1. BCD　　2. AE　　3. BCD　　4. ABE　　5. ACE

三、简述题(共 40 分,每题 10 分)

1. 答:

在初步设计阶段,按照有关规定编制的初步设计概算,经有关部门批准,即作为拟建项目工程造价的最高限额。

在施工图设计阶段,按规定编制施工图预算,用以核实施工图预算造价是否超过批准的初步设计概算。

在工程竣工阶段,根据承包方实际完成的工程量,以合同为基础,进行工程价款结算,工程竣工结算,合理确定工程造价。

在竣工验收阶段,全面汇集在工程建设过程中实际花费的全部费用,编制整个建设项目的竣工决算,如实体现该建设工程的实际造价。

2. 答:

工程量清单计价模式下的工程总造价包括分部分项工程费、措施项目费、其他项目费、规费和税金。

根据建标〔2013〕44 号文:住房和城乡建设部、财政部关于印发《建筑安装工程费用项目组成》通知的规定,建筑安装工程费按照工程造价形成由分部分项工程费、措施项目费、其他项目费、规费、税金组成,分部分项工程费、措施项目费、其他项目费包含人工费、材料费、施工机具使用费、企业管理费和利润。

3.答:

定额时间包括基本工作时间、辅助工作时间、准备与结束时间、不可避免的中断时间以及休息时间。

工序作业时间=基本工作时间+辅助工作时间

规范时间=准备与结束工作时间+不可避免的中断时间+休息时间

定额时间=工序作业时间+规范时间

4.答:

(1)变更估价原则

除专用合同条款另有约定外,变更估价按照本款约定处理:

①已标价工程量清单或预算书有相同项目的,按照相同项目单价认定。

②已标价工程量清单或预算书中无相同项目,但有类似项目的,参照类似项目的单价认定。

③变更导致实际完成的变更工程量与已标价工程量清单或预算书中列明的该项目工程量的变化幅度超过 15% 的,或已标价工程量清单或预算书中无相同项目及类似项目单价的,按照合理的成本与利润构成的原则,由合同当事人按照第 4.4 款〔商定或确定〕确定变更工作的单价。

(2)变更估价程序

承包人应在收到变更指示后 14 天内,向监理人提交变更估价申请。监理人应在收到承包人提交的变更估价申请后 7 天内审查完毕并报送发包人,监理人对变更估价申请有异议,通知承包人修改后重新提交。发包人应在承包人提交变更估价申请后 14 天内审批完毕。发包人逾期未完成审批或未提出异议的,视为认可承包人提交的变更估价申请。

因变更引起的价格调整应计入最近一期的进度款中支付。

四、计算题,请根据背景材料按要求作答(20 分)

(1)工程材料预付款 $= 4\,900 \times 200 \times 20\% = 196\,000$(元)

估算合同价格的55% = 4 900×200×55% = 539 000(元)

第1月完成工程量价款为800×200 = 160 000元,累计完成工程量价款为160 000元;

第2月完成工程量价款为1 000×200 = 200 000元,累计完成工程量价款为360 000元< 539 000元;

第3月完成工程量价款为1 200×200 = 240 000元,累计完成工程量价款为600 000元> 539 000元;

材料预付款应从第3月开始起扣。

应扣回额 = (600 000−539 000)×50% = 30 500(元)。

(2)第1月的工程量价款为800×200 = 160 000元,业主应支付给承包商的工程款为 160 000×(1−5%) = 152 000(元);

第2月的工程量价款为1 000×200 = 200 000元,累计完成工程量800+1 000 = 1 800 m³,业 主应支付给承包商的工程款为200 000×(1−5%) = 190 000元;

第3月的工程量价款为1 200×200 = 240 000元,累计完成工程量1 800+1 200 = 3 000 m³, 业主应支付给承包商的工程款为240 000×(1−5%)−30 500 = 197 500元;

第4月的工程量价款为1 000×200 = 200 000元,累计完成工程量3 000+1 000 = 4 000 m³, 业主应支付给承包商的工程款为200 000×(1−5%)−1 000×200×50% = 90 000元<150 000元, 第4月业主不支付。累计扣回预付款1 000×200×50% +30 500 = 130 500元<196 000元;

第5月累计完成工程量4 000+1 000 = 5 000 m³<4 900×(1+10%) = 5 390 m³,不调整价格。 第5月的工程量价款为1 000×200 = 200 000元,累计扣回预付款1 000×200×50% +130 500 = 230 500元>196 000元,应扣回预付款 = 196 000−130 500 = 65 500元,业主应支付给承包商的 工程款为200 000×(1−5%)−65 500+90 000 = 214 500元。

(3)维修费用5 000元属于承包商自己的原因造成的损失,不应从业主得到补偿,承包商 自己承担。

第6月累计完成工程量5 000+600 = 5 600>4 900×(1+10%) = 5 390 m³,调整价格。第6 月工程量价款为(5 600−5 390)×200×0.9+(5 390−5 000)×200 = 115 800元,业主应支付给承 包商的工程款为115 800×(1−5%) = 110 010元。

五、计算题(15 分)

(1) $V = 0.25 \times 0.5 \times (5.2 \times 2 + 4.06 - 0.4 \times 2 - 0.45) = 1.65 (m^3)$

(2)梁上部筋:

$L = (5.2 \times 2 + 4.06 - 0.45 + 1.2 \times 34 \times 0.020 + 0.12 \times 2 + 15 \times 0.02 \times 2) \times 2 = 31.33 (m)$

质量 $= 31.33 \times 2.47 = 77.39 (kg)$

梁下部筋:

单根 $L = (5.2 - 0.45/2 + 0.12 + 15 \times 0.022 + 34 \times 0.022) \times 2 + (4.06 - 0.4 + 34 \times 0.022 \times 2)$

$\qquad = 17.50 (m)$

三根 $= 17.50 \times 3 = 52.5 (m)$

质量 $= 52.5 \times 2.98 = 156.45 (kg)$

《工程造价确定与控制》模拟试卷 （B卷）

题 号	一	二	三	四	五	总 分
得 分						

一、单项选择题(共15分,每题1分)

1. 按照《建筑安装工程费用项目组成》的规定,建筑安装工程费用由( )构成。

 A. 直接费、间接费、管理费、利润和税金

 B. 分部分项工程费、措施项目费、其他项目费、规费、税金

 C. 直接工程费、间接费、利润和税金

 D. 人工费、材料费、机械费、规费、税金

2. 在项目建议书阶段,按照有关规定,应该编制( )。

 A. 初步投资估算　　　B. 投资预算　　　C. 初步设计概算　　　D. 设计概算

3. 控制项目工程造价的最有效手段是( )。

 A. 合同措施　　　　　　　　　　B. 技术措施

 C. 合同与信息管理相结合　　　　D. 技术与经济相结合

4. 基本预备费的计算,不需要考虑( )。

 A. 设备及工器具购置费　　　　　　B. 建筑安装工程费

 C. 建设期利息　　　　　　　　　　D. 工程建设其他费用

5. 某新建项目,建设期为2年,第一年贷款200万元,第二年400万元,贷款各年均衡发放。年利率12%,则第二年贷款利息为( )。

 A. 48万元　　　　　B. 49.44万元　　　C. 61.44万元　　　　D. 74.88万元

6. 进口设备关税的计算公式为:进口关税=( )×人民币外汇牌价×进口关税率。

A. 进口设备原价　　　B. 离岸价　　　　C. 到岸价　　　　　　D. 进口设备抵岸价

7. 机械台班单价的组成内容不包括(　　　)。

A. 机械折旧费　　　　　　　　　B. 大修理费

C. 机械操作人员的工资　　　　　D. 机械窝工费

8. 为完成工程项目施工,发生于该工程施工前和施工过程中技术、生活、安全等方面的项目属于(　　　)。

A. 措施项目　　　　　　　　　　B. 零星工作项目

C. 分部分项工程项目　　　　　　D. 其他项目

9. 由于施工工艺特点所引起的工作中断时间属于(　　　)。

A. 准备与结束工作时间　　　　　B. 辅助工作时间

C. 非定额时间　　　　　　　　　D. 不可避免的中断时间

10. 某工作的工序作业时间为 100 分钟(折算为一人工作时间),准备与结束工作时间、休息时间、不可避免的中断时间分别是定额时间的 20%、10%、10%,问该工作的定额时间是(　　　)。

A. 0.270 8 工日　　B. 0.291 7 工日　　C. 0.347 2 工日　　　D. 信息不足,无法确定

11. 计算建筑面积的是(　　　)。

A. 无永久性顶盖的室外楼梯　　　B. 无永久性顶盖的架空走廊

C. 宽度在 2.1 m 及以内的雨篷　　D. 自动扶梯

12. 以下不能够计入预算定额材料消耗量的是(　　　)。

A. 不可避免的施工废料　　　　　B. 施工中不可避免的材料损耗

C. 场内材料运输损耗　　　　　　D. 材料在仓库存储期间不可避免的损耗

13. 我国工程量清单报价,采用的是综合单价,它不含有(　　　)。

A. 人、材、机费用　　B. 管理费　　　　C. 利润　　　　　　D. 税金

14. 某施工单位承包某工程项目,甲乙双方签订的关于工程价款的合同内容有:①建筑安装工程造价为 800 万元,主要材料费占施工产值的比率为 64%;②预付备料款为建筑安装工程造价的 25%。则该工程的预付款的起扣点为(　　　)。

A. 288 万元　　　　　B. 312.5 万元　　　C. 487.5 万元　　　　D. 512 万元

15. 使用政府投资的建设项目,质量保证金按照 5% 扣留的基数是(　　　)。

A. 估算　　　　　　　B. 预算　　　　　　C. 结算　　　　　　D. 决算

二、多项选择题(共 10 分,每题 2 分)

1. 下列事件涉及的保修费用处理,属于建设单位责任的有(　　)。

　A.由于设计方面的原因造成的质量缺陷

　B.因洪水原因造成的损坏问题

　C.建设单位采购材料经承包人验收后使用导致的质量缺陷

　D.使用单位使用不当造成的损失

　E.承包单位未按国家有关规范要求施工造成的返修损失

2. 关于工程索赔以下说法正确的是(　　)。

　A.索赔是对责任方未正确履行相关义务的惩罚

　B.承包商对于并非自身的过错而导致的自身损失,均可向业主进行索赔

　C.索赔有助于工程造价的合理确定

　D.索赔按照当事人可分为承包商与业主、承包商与分包商、业主与分包商、承包商与供　货商等之间的索赔

　E.承包商对索赔事项未采取减轻措施因而扩大的损失费用,一般不允许索赔

3. 关于分部分项工程量清单项目的特征描述,以下说法正确的是(　　)。

　A.涉及正确计量计价的必须描述　　　　B.由投标人根据施工方案确定的必须描述

　C.无法准确描述的必须详细描述　　　　D.涉及施工难易程度的必须描述

　E.涉及材质要求的必须描述

4. 下列有关工程量清单计价与定额计价的区别说法中,正确的有(　　)。

　A.定额计价模式更多反映国家定价或指导定价;清单计价模式则反映市场定价

　B.清单计价模式的单价是固定不变的,减少了在合同实施中调整的活口

　C.在定额计价法中,工程量由投标人按图计算;在清单计价法中,工程量由招标人提供

　D.定额计价法采用全费用单价形式;清单计价法采用综合单价形式

　E.工程量清单计价把施工措施性消耗单列并纳入竞争范畴

5. 施工图预算编制的依据有(　　)。

　A.施工图纸　　　　　　　　　　　　B.预算定额

　C.工程量计算规则　　　　　　　　　D.设计概算

　E.施工方案

三、简述题(共40分,每题10分)

1. 请描述单项工程和单位工程的概念。

2. 请描述分部分项目工程量清单编制步骤。

3. 请解释人工费包括的内容。

4. 请简述材料消耗量包括哪些内容?

四、计算题,请根据背景材料按要求作答(20分)

某工程项目施工合同为总费用单价合同,合同总价为560万元,合同工期为6个月,施工合同规定:

(1)开工前业主向施工单位支付合同价20%的预付款。

(2)业主自第一个月起,从施工单位的应得工程款中按10%的比例扣留保留金,保留金限额暂定为合同价的5%,保留金到第三个月底全部扣完。

(3)预付款在最后两个月扣除,每月扣50%。

(4)工程进度按月结算,不考虑调价。

(5)业主供料价款在发生当月的工程款中扣回。

(6)若施工单位每月实际完成的产值不足计划产值的90%时,业主可按实际完成产值的8%的比例扣留工程进度款,在工程竣工结算时将扣留的工程进度款退还施工单位。

施工计划和实际完成产值表　　　　　　　　单位:万元

时　间/月	1	2	3	4	5	6
计划完成产值	70	90	110	110	100	80
实际完成产值	70	80	120			
业主供料价款	8	12	15			

该工程施工进入第四个月时,由于业主资金出现困难,合同被迫终止。经过双方谈判,施工单位仅提出以下费用补偿要求:施工现场存有为本工程购买的特殊工程材料,该材料还未投入使用,未包括在进度付款中,计50万元。

问题:(如果计算结果为小数,保留两位小数。)

1. 该工程的工程预付款是多少万元? 应扣留的保留金为多少万元?

2. 第一个月到第三个月造价工程师各月签证的工程款是多少？应签发的付款凭证金额是多少万元？

3. 合同终止时业主已支付施工单位各类工程款多少万元(包括预付款)？

4. 合同终止后施工单位提出的补偿要求是否合理？业主应补偿多少万元？

五、计算题(15 分)

某单层建筑物,框架结构,平面图、剖面图分别如题图 5-1、题图 5-2 所示。外墙墙身采用 M5.0 混合砂浆砌筑加气混凝土砌块,女儿墙采用 M5.0 混合砂浆砌筑煤矸石空心砖;混凝土压顶断面240 mm×60 mm,墙厚均为 240 mm;内墙为石膏空心条板墙 80 mm。框架柱断面 240 mm×240 mm 到女儿墙顶,框架梁断面 240 mm×400 mm,砌体墙上门窗洞口均采用现浇混凝土过梁,支座长度 250 mm,断面 240 mm×180 mm。M1:1 560 mm×2 700 mm,M2:1 000 mm×2 700 mm,C1:1 800 mm×1 800 mm,C2:1 560 mm×1 800 mm。地面做法为 C10 混凝土垫层 100 厚;刷素水泥浆一道;1∶2.5 水泥砂浆面层 25 mm 厚。根据清单计价规范:空心砖墙、砌块墙的项目编码为 010304001;水泥砂浆楼地面的项目编码为 020101001。

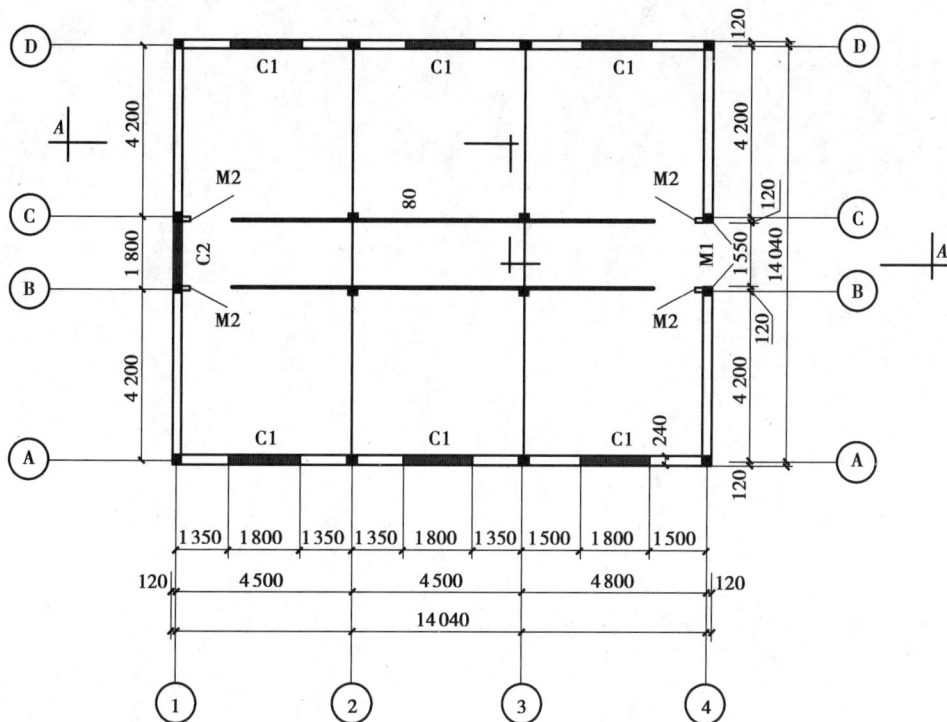

题图 5-1　平面图

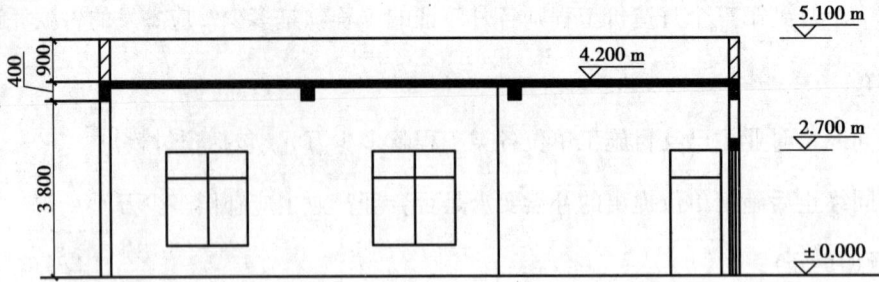

题图 5-2 A—A 剖面图

问题：

（1）计算该建筑物的建筑面积。

（2）计算砌体墙体清单工程量。

（3）计算地面清单工程量。

B卷　参考答案

一、单项选择题(共 15 分,每题 1 分)

　　1. B　　2. A　　3. D　　4. C　　5. B

　　6. C　　7. D　　8. A　　9. D　　10. B

　　11. A　　12. D　　13. D　　14. C　　15. C

二、多项选择题(共 10 分,每题 2 分)

　　1. BC　2. CE　3. ADE　4. ACE　　5. ABCE

三、简述题(共 40 分,每题 10 分)

　　1. 答:

　　单项工程是指在一个建设工程项目中,具有独立的设计文件,竣工后可以独立发挥生产能力或效益的一组配套齐全的工程项目。单项工程是建设工程项目的组成部分,一个建设工程项目有时可以仅包括一个单项工程,也可以包括许多单项工程。

　　单位工程是指具备独立施工条件并能形成独立使用功能的建筑物及构筑物。对于建筑规模较大的单位工程,可将其能形成独立使用功能的部分作为一个子单位工程。

　　2. 答:

　　分部分项工程量清单按照计价规范和工程量计算规范中的五个要件即:项目编码、项目名称、项目特征、计量单位和工程量进行编制,其中项目编码、项目名称、计量单位、工程量计算必须按照规范要求统一编制与计算,达到"四统一"。招标人必须按规范规定执行,不得因情况不同而变动。在设置清单项目时,以规范附录中项目名称为主体,考虑该项目的规格、型号、材质等特征要求,结合拟建工程的实际情况,在工程量清单中详细地描述出影响工程计价的有关因素。

（1）项目编码

计价规范中对每一个分部分项工程清单项目均给定一个编码。项目编码采用 12 位阿拉伯数字表示。一至九位为统一编码，十至十二位由清单编制人确定。

对于规范附录中的缺项，由编制人自行补充。补充项目的编码由专业工程代码（工程量计算规范代码）与 B 和三位阿拉伯数字组成，并应从 XXB001 起顺序编制，同一招标工程的项目不得重码。工程量清单中需附有补充项目的名称、项目特征、计量单位、工程量计算规则、工程内容。

（2）项目名称

清单项目名称应严格按照计价规范规定，不得随意更改项目名称。

（3）项目特征

项目特征是用来描述清单项目自身价值的本质特征。通过对项目特征的描述，使清单项目名称清晰化、具体化、详细化。

项目特征是清单项目设置的基础和依据。在设置清单项目时，应对项目的特征做全面的描述。即使是同一规格、同一材质，如果施工工艺或施工位置不同时，原则上分别设置清单项目，做到具有不同特征的项目分别列项。只有描述清单项目清晰、准确，才能使投标人全面、准确地理解招标人的工程内容和要求，做到正确报价。招标人编制工程量清单时，对项目特征的描述，是一项关键的环节，必须予以足够的重视。

3. 答：

人工费是指按工资总额构成规定，支付给从事建筑安装工程施工的生产工人和附属生产单位工人的各项费用。内容包括：

（1）计时工资或计件工资：是指按计时工资标准和工作时间或对已做工作按计件单价和计件数支付给个人的劳动报酬。

（2）奖金：是指对超额劳动和增收节支支付给个人的劳动报酬。如节约奖、劳动竞赛奖等。

（3）津贴补贴：是指为了补偿职工特殊或额外的劳动消耗和因其他特殊原因支付给个人的津贴，以及为了保证职工工资水平不受物价影响支付给个人的物价补贴。如流动施工津贴、特殊地区施工津贴、高温（寒）作业临时津贴、高空津贴等。

（4）加班加点工资：是指按规定支付的在法定节假日工作的加班工资和在法定日工作时间外延时工作的加点工资。

（5）特殊情况下支付的工资：是指根据国家法律、法规和政策规定，因病、工伤、产假、计划生育假、婚丧假、事假、探亲假、定期休假、停工学习、执行国家或社会义务等原因按计时工资标准或计时工资标准的一定比例支付的工资。

4.答：

施工中的材料分为必需的材料消耗和损失的材料。

必需的材料消耗指在合理用料情况下，合格产品所需消耗的材料。包括：直接用于建筑安装工程的材料；不可避免的施工废料；不可避免的材料损耗。

直接用于建筑安装工程的材料，编制材料净用量定额；不可避免的施工废料和材料损耗，编制材料损耗定额。

四、计算题，请根据背景材料按要求作答(20 分)

问题1：

工程预付款为：560 万元×20% = 112（万元）

保留金为：560 万元×5% = 28（万元）

问题2：

第一个月：签证的工程款为：70×(1-0.1) = 63（万元）

应签发的付款凭证金额为：63-8 = 55（万元）

第二个月：本月实际完成产值不足计划产值的90%，即(90-80)/90 = 11.1%

签证的工程款为：[80×(1-0.1) - 80×8%] = 65.60（万元）

应签发的付款凭证金额为：65.6-12 = 53.60（万元）

第三个月：本月保留金为：[28-(70+80)×10%] = 13（万元）

签证的工程款为：120-13 = 107（万元）

应签发的付款凭证金额为：107-15 = 92（万元）

问题3：

112+55+53.6+92 = 312.60（万元）

问题4：

已购特殊工程材料价款补偿50万元的要求合理。

业主应补偿50万元。

五、计算题(15分)

(1)建筑面积:$14.04 \times 10.44 = 146.58(m^2)$

(2)砌体墙体清单工程量:

①外墙中心线长度:$13.8 \times 2 + 10.2 \times 2 = 48(m)$

②应扣门窗面积:$1.56 \times 2.7 + 1.8 \times 1.8 \times 6 + 1.56 \times 1.8 = 26.46(m^2)$

③应扣过梁体积:$[(1.56+0.25 \times 2) \times 2 + (1.8+0.25 \times 2) \times 6)] \times 0.24 \times 0.18 = 0.774(m^3)$

④M5.0混合砂浆砌筑加气混凝土砌块墙体清单工程量:

$[(48-0.24 \times 12) \times 3.8 - 26.46] \times 0.24 - 0.774 = 34.03(m^3)$

⑤M5.0混合砂浆砌筑煤矸石空心砖墙清单工程量:

$(48-0.24 \times 12) \times (0.9-0.06) \times 0.24 = 9.10(m^3)$

3.水泥砂浆地面清单工程量:$13.56 \times 9.96 = 135.06(m^3)$